奇迹数学世界
QIJISHUXUESHIJIE

有趣的数学 符号

YOUQU DE
SHUXUE FUHAO

周　阳◎主编

U0340542

北方妇女儿童出版社

图书在版编目（CIP）数据

有趣的数学符号 / 周阳主编 . — 长春：
北方妇女儿童出版社，2012.11（2021.3 重印）
（奇迹数学世界）
ISBN 978 – 7 – 5385 – 6882 – 0

Ⅰ . ①有… Ⅱ . ①周… Ⅲ . ①数学 – 符号 – 青年读物
②数学 – 符号 – 少年读物 Ⅳ . ①O1 – 49

中国版本图书馆 CIP 数据核字（2012）第 229594 号

有趣的数学符号

YOUQU DE SHUXUE FUHAO

出 版 人	李文学
责任编辑	赵　凯
装帧设计	王　璿
开　　本	720mm×1000mm　1/16
印　　张	12
字　　数	140 千字
版　　次	2012 年 11 月第 1 版
印　　次	2021 年 3 月第 3 次印刷
印　　刷	汇昌印刷（天津）有限公司
出　　版	北方妇女儿童出版社
发　　行	北方妇女儿童出版社
地　　址	长春市福祉大路 5788 号
电　　话	总编办：0431–81629600

定　　价　23.80 元

数学是一门研究数量、结构、变化以及空间模型等概念的一门学科。在我国古代，把数学叫做算术，也可以叫做算学，直到后来，才改为数学。

其实，数学的发展史也可以称为数学符号的发展史。数学符号的产生和发展都是人类智慧的积累。每一个数学符号的诞生和每一个数学符号的演变，无不凝结着各国数学家们的智慧和心血。

数学可以划分为几何、三角函数、代数等类别。相对的，数学符号也可以依照此类别进行划分，如几何符号、三角函数符号、代数符号。每一类别的符号，各司其职，尽职尽责地履行自己的职能。

数学运算符号的发明及应用，对数学有着深远的意义：运用数学符号是数学发展史上的大事。一套完美的数学符号，绝不仅仅是起着速记、节省时间的作用。它更能够精确、深刻地表达某种概念、方法和逻辑关系。

在本书中，详细地为读者介绍了多种数学符号，以及它们的分类、作用、运算规律，等等。

在本书的第一章和第五章，还添加了"数学符号起源"和"零"的知识，这两章内容读起来生动有趣，给本书增添了不少的趣味性，从而使枯燥的数学符号变得生动活泼。最后，希望读者通过阅读本书，能更加深刻地了解数学符号，恣意地在数学的海洋中徜徉。为此，也就达到了编者编撰此书的目的。

目　录

探密代数符号的世界

有意思的运算符号

关于"0"的趣谈

数学符号的起源

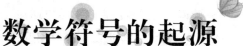

　　数学，起源于人类早期的生产活动，为中国古代六艺之一，亦被古希腊学者视为哲学的起点。

　　自从人类发明了数学，便有了数学符号，数学符号和数学相辅相成，不可分割。

　　数学符号的发明和使用比数字晚，但是数量却不少。现在常用的数学符号有200多个，其中，初中的数学书里就有20多种。

　　对于数学符号的起源，都有一段有趣的传奇经历。从最早的结绳计数开始，历经了几百年的发展、演变，发展到现如今的水平，和世界各地早期的数学活动是分不开的。

最早的结绳记数

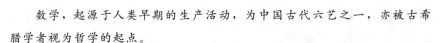

　　为了表示数目，人类的祖先摸索中逐渐学会了用实物来表现，如小木棍、竹片、树枝、贝壳、骨头之类。但是很快就发现这些东西容易散乱，不易保存，这样，人们自然会想到用结绳的办法来记数。

　　结绳（相当于今天的符号）记数在我国最早的一部古书《周易·系辞下》（约公元前11世纪成书）有"上古结绳而治，后世圣人，易之以书契"的记载（意思是说上古时人们用绳打结记数或记事，后来读书人才用符号记数去代替它）。这就是说，古代人最早记数用绳打结的方法，后来又发明了刻痕代替结绳。"书契"是在木、竹片或在骨上刻画某种符号。"契"字左边的"丰"是木棒上所划的痕迹，右边的"刀"是刻痕迹的工具。《史

结绳记事

通》称"伏羲始画八卦，造书契，以代结绳之政"。"事大，大结其绳，事小，小结其绳，结之多少，随物众寡"。

结绳记数在世界各地从古墓中挖出的遗物得到了验证。如南美洲古代有一个印加（Inca）帝国，建立于 11 世纪，15 世纪全盛时期其领域包括现在的玻利维亚、厄瓜多尔、秘鲁，以及阿根廷、哥伦比亚和智利的部分领土。16 世纪西班牙殖民者初到南美洲，看到这个国家广泛使用结绳来记数和计数。他们用较细的绳子系在较粗的绳上，有时用不同颜色的绳子表示不同的事物。结好的绳子有一个专名叫"基普"。

南美印加人的结绳方法是在一条较粗的绳子上拴很多涂不同颜色的细绳，再在细绳上打不同的结，根据绳的颜色，结的位置和大小，代表不同事物的数目。

印加时代的基普还保留到今天，这些结绳制度在秘鲁高原一直盛行到 19 世纪。

琉球群岛的某些小岛，如首里、八重山列岛等至今还没有放弃这种结绳记数的古老方法。

在结绳记数所用原料上面，各地有所不同，有的用麻，有的用草，还有的用羊毛。

但结绳有一定的弊端，一不方便，二不易长期保存，后世的人采用在实物（石、木、竹、骨等）上刻痕以代替结绳记数。现在已发现的最早的刻痕记数是于 1937 年在前捷克斯洛伐克的摩拉维亚洞穴中出土的一根约 3 万年前的狼桡骨，上面刻有 55 道刻痕，估计是记录猎物的数目，这也是世界上发现最古老的人工刻划记数实物。

在我国山顶洞发现了 1 万多年前带有磨刻符号的 4 根骨管。我国云南的佤族 1949 年前后还在使用刻竹记事。

在非洲中南部的乌干达和扎伊尔交界处的爱德华湖畔的伊尚戈渔村挖出的一根骨头，被确认为公元前 8500 年的遗物，骨上的刻痕表示数目。考古学家惊讶地发现，骨的右侧的纹数是 11、13、17、19，正好是 10～20 的 4 个素数（其和为 60，恰是两个月的日数，也许与月亮有关。同时可断定古人已有素数的概念，但这似乎是不可思议的）；左侧是 11、21、19、9（其和也为 60）相当于 $10+1$，$20+1$，$20-1$，$10-1$。这根骨刻现藏于比利时布鲁塞尔自然博物馆。但纹数之谜尚待进一步揭开。

刻痕的进一步发展，就形成了古老的记数符号——数字，随着记载数目的增大各种进位制也随之出现。

周　易

《周易》是一部中国古哲学书籍，是建立在阴阳二元论基础上对事物运行规律加以论证和描述的书籍，其对于天地万物进行性状归类，天干地支五行论，甚至精确到可以对事物的未来发展做出较为准确的预测。

相传，《周易》为周文王所著，文王出生在今陕西岐山周原古称西岐，后来文王被商纣王囚禁在羑里（河南安阳汤阴一个县城，羑里城位于汤阴县北 2 千米处）。周易就这样诞生了。易卦系统最基本的要素为阴阳概念，而阴阳概念包括阴阳的性质和状态两层意义。如果不理会阴阳的状态，只论及其性质，则可以用阳爻（——）和阴爻（——）表示阴阳。将上述阴阳爻按照由下往上重叠 3 次，就形成了八卦，即"乾、坤、震、巽、坎、离、艮、兑"8 个基本卦，称为八经卦。再将八经卦两两重叠，就可以得到 6 个位次的易卦，共有六十四卦，这六十四卦称为六十四别卦，每一卦都有特定的名称。

▸▸▸ **延伸阅读**

《史　通》

《史通》是中国及全世界首部系统性的史学理论专著，作者是唐朝的刘知几。全书内容主要是评论史书体例与编撰方法，以及论述史籍源流与前

人修史之得失。包括的范围十分广泛，基本上可以概括为史学理论和史学批评两大类。

《史通》包括内篇 39 篇、外篇 13 篇，其中内篇的《体统》、《纰缪》、《弛张》3 篇在北宋欧阳修、宋祁撰《新唐书》前已佚，全书今存 49 篇。内篇为全书的主体，着重讲史书的体裁体例、史料采集、表述要点和作史原则，而以评论史书体裁为主；外篇论述史官制度、史籍源流并杂评史家得失。《史通》总结了唐初以前编年体史书和纪传体史书在编纂上的特点和得失，认为这两种体裁不可偏废，而在此基础上的断代为史则是此后史书编纂的主要形式。它对纪传体史书的各部分体例，如本纪、世家、列传、表历、书志、论赞、序例、题目等，作了全面而详尽的分析，对编写史书的方法和技巧也多有论述，这在中国史学史上还是第一次。它认为，"征求异说，采摭群言，然后能成一家"，主张对当时各种"杂史"应分别其短长而有所选择，对以往各种记载中存在的"异辞疑事，学者宜善思之"。关于作史原则，《史通》鲜明地提出坚持直书，反对曲笔；其《直书》、《曲笔》两篇，在认识上把中国史学的直笔的优良传统进一步发展了。外篇的《史官建置》是一篇简要的史官制度史；《古今正史》叙述历代史书源流，间或也有一些评论；《疑古》、《惑经》承王充《论衡》的《问孔》、《刺孟》之余绪，对古代史事和儒家经典提出一些疑问，反映了作者对于历史的严肃态度和批判精神；《杂说》等篇本是读史札记，涉及到以往史家、史书的得失，有的地方也反映出作者在哲学思想上的见解和倾向。

《史通》对史学工作也有一些论述。如它把史学家的工作分为 3 个等第：一是敢于奋笔直书，彰善贬恶，如董狐、南史；二是善于编次史书，传为不朽，如左丘明、司马迁；三是具有高才博学，名重一时，如周代的史佚、楚国的倚相。刘知几第一次提出了史学家必须具备史才、史学、史识"三长"的论点。史学，是历史知识；史识，是历史见解；史才，是研究能力和表述技巧。"三长"必须兼备，而史识又是最重要的。史识的核心是忠于历史事实，秉笔直书。史有"三长"之说，被时人称为笃论，对后世也有很大影响。

形式多样的进位制

数的进位制的产生与人们的手指紧密相关，"屈指可数"表明人类记数最原始、最方便的工具是手指。

"手指记数法"最早起源于美洲大陆、北西伯利亚及非洲的许多民族。

（1）五进位制。一只手有 5 个手指，表示数"5"。五进制以罗马数字为代表，大写字母 V 表示 5，实际上是一个手掌的象形（4 指合并，大拇指分开）。罗马数字每增 5，就创立一个新的符号，如 1、2、3、4 的符号是 I、II、III、IIII，5 的符号不是 IIIII 而是 V；6、7、8、9 的符号分别是 VI、VII、VIII、VIIII，10 的符号是 X，表示两只手 W，后来又改为一上一下，变成 X，这就是五进制数码的雏形。一直到 1800 年，德国农民日历还用五进制。至今在南美洲的玻利维亚群岛的居民中还在使用。

（2）十进位制。公元前 2000 年的埃及与公元前 1600 年的我国商代甲骨文已有十进位制记数法了，并且我国出现了一、十、百、万等文字符号。因此十进制最早出现在古埃及和我国。

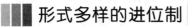

甲骨文数字表

十进制的产生是因为每个人都有 10 个指头，这是大家公认的。可是古希腊亚里士多德（前 384—前 322 年），在《问题集》一书中指出了十进制产生的各种可能的解释，如说古希腊数学家毕达哥拉斯（约前 580—约前 500 年）为首的学派认为：10 是完美的数，10 是最小的 4 种类型的数的和：$1+2+3+4=10$，其中 1 既不是素数又不是合数，2 是偶数，3 是奇数，4 是合数。另一种解释说：1 代表点，2 代表线（两点确定一直线），3 代表面（三点确定一平面），4 代表立体。亚里士多德的解释是不可信的，把十进制的产生披上了神秘的外衣。再说十进制不是某些学者的发明或规定，它是人们长期实践形成的，而且在毕达哥拉斯以前就有了。

这里需要特别指出的是，我国发明的十进制是"位值制"的，全名为"十进位值制"。即在一个数里，其中一个数码表示什么数要看它所在的位置而定，如43和74这两个数中都有数字4，43中的4在十位上表示40，而74中的4在个位上表示4。古埃及人发现的十进制虽说是世界上最早的，但它采用的是累计值而不是位值制。印度人在公元595年才在碑文上有明确的十进位值制，比我国迟1000年。再说巴比伦很早知道位值制，但用的是六十进制，玛雅人也懂得位值制的道理，但用的是二十进制。因此，马克思称我国的十进位值制是"最妙的发明之一"。

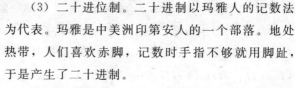

（3）二十进位制。二十进制以玛雅人的记数法为代表。玛雅是中美洲印第安人的一个部落。地处热带，人们喜欢赤脚，记数时手指不够就用脚趾，于是产生了二十进制。

玛雅人则是满20进位，用"·"表示，但要高一位。因此，他们可把任何一个整数都表示出来，而且也用此符号进行四则运算。

（4）十二进位制。关于十二进位制起源的说法很多，如说可能与人的一只手关节有关。除大拇指外，其余4个手指有12个关节；又说可能是一年有12个月有关；又说12是所有两位的"多倍数"数中最小的一个，除1和12外，它还有约数2、3、4、6，12虽然比10只大2，但约数却比10的约数多两个，用它做除数整除的机会就多，古代就形成

玛雅人

了十二进制。十二进制在历史上曾得宠一时，今天留下来的计数单位中，仍可见十二进制的痕迹，如1罗＝12打，1打＝12个，1尺＝12寸，1先令＝12便士，此外钟面有12个小时等。

（5）十六进位制。十六进位制从古至今一直应用于实际生活中。如我国旧制1斤＝16两，欧洲1俄尺＝16俄寸，1磅＝16英两。由于$16＝2^4$，它与2的关系十分密切，所以在电子计算机上常被用做十进制与二进制的一种过渡进位制。

（6）六十进位制。六十进位制是地处亚洲西部的巴比伦（今伊拉克境内）于公元前2000年前首先创用的。六十进制的起源有几种说法：一说60

是 2、3、4、5、6、10、12、15、20、30、60 的倍数，可使计算简化；二说与圆周分成 360 份有关。人们生动地解释道：对古代天文数学非常精通的巴比伦人发现，太阳从东边地平线升起，在西边地平线落下，这个运行轨道即是天穹的半圆。古代巴比伦人把天穹半圆分为 180 等份，每个等份就是太阳的"直径"，叫做"度"。天穹半圆是 180 度，整个圆周就是 360 度了。

关于六十进制的起源之说较多，至今还没有一致的看法。流传至今的六十进制有如 1 小时＝60 分，1 分＝60 秒，圆周角＝360 度，1 度＝60 分，1 分＝60 秒等。

（7）二进位制。二进制的思想萌芽可以说最早出现在我国。公元前 11 世纪的古书《周易》（即易经）中记载："易有太极，是生两仪，两仪生四象，四象生八卦"，意思是说，一分为二，二分为四，四分为八。用现代数学式子表示，可写成 $2^0=1$，$2^1=2$，$2^2=4$，$2^3=8$。这里 $2^0=1$ 可理解为 2 尚未"分"时是 1，$2^1=2$ 可理解为分一次为 2，……它可视为我国古代二进制中的各位的位值。也有人认为是体现对等比数列 1、2、4、8…的某种认识。

令人吃惊的是，这本古老的书中，"两仪"采用符号"——"（被称为阳爻）和"－－"（被称为阴爻）。若从记数法的角度研究，将阳爻看作 1，阴爻看做 0，则每次取 3 个符号如 （坤）、 （震）、 （乾）、……共有 $2^3=8$ 种不同的排列法，古称八卦。这八卦分别表示二进制的 8 个数：0、1、2、3、4、5、6、7。当然，八卦的提出者没有说可以用二进制来表示一切自然数。

最早发现用二进制表示自然数的是 17 世纪英国的数学家哈里奥特（1560—1621）等，其中以德国数学家莱布尼茨（1646—1716）最著名。介于澳大利亚北部的约克角半岛与伊利安之间的海峡，叫托列斯海峡。在海峡的附近群岛上居住着一些部落。他们是靠两个数"一"（叫乌拉勃）和"二"（叫阿柯扎）进行计算。遇到"三"就用"阿柯扎、乌拉勃"表示，"四"是"阿柯扎、阿柯扎"，"五"是"阿柯扎、阿柯扎、乌拉勃"，他们使用的是 2 进制，并用文字语言记号来表示。

莱布尼茨期望二进制得到广泛应用的设想，在他生前没有实现。可在他死后 200 多年的今天梦想成真，二进制成为电子计算机的中流砥柱了。

（8）八进位制。八进制依据"逢八进一"的法则，使用 0、1、2、3、4、5、6、7 八个数字记数，称为八进制。由于在当代的电子计算中，二进制记数数位多，使用不便，在编制计算机解题程序时，常常使用八进制。

任何一个八进制的数，可以写成底数 8 的幂的和的形式，这样可以化为十进数。

如八进制数 $205 = 2 \times 8^2 + 0 \times 8^1 + 5 \times 8^0 =$ 十进制数 133。

反之，一个十进制数只要用底数 8 连续去除，反序取全数，就是要求的八进制数。

综上所述，世界上不同的年代出现了五花八门的进位制和眼花缭乱的记数符号体系，这都足以证明数学起源的多元性和数学符号的多样化。

虽然，数的进位制有多种，但据调查，世界大多数地区还是采用十进位制的。

 知识点

玛 雅 人

玛雅人（Mayan）中美洲地区和墨西哥印第安人的一支。又译"马亚人"，"马雅人"。约公元前 2500 年就已定居今墨西哥南部、危地马拉、伯利兹以及萨尔瓦多和洪都拉斯的部分地区。约有 200 万人，属蒙古人种美洲支。使用玛雅语，属印第安语系玛雅—基切语族。

21 世纪初约有 70 种玛雅语言，有超过 500 万的玛雅人在使用，其中大部分能讲双语（西班牙语）。在西班牙征服墨西哥和中美洲之前，玛雅人曾拥有过西半球最伟大的文明之一。他们从事农耕、兴建巨大的石头建筑和金字塔神殿、冶炼金和铜，并使用一种现今已大部分能够解读的象形文字。

有趣的数学符号

数　独

"数独"（sudoku）一词来自日语，意思是"单独的数字"或"只出现一次的数字"。概括来说，它就是一种填数字游戏。但这一概念最初并非来自日本，而是源自拉丁方块，它是 18 世纪的瑞士数学家欧拉发明的。出生于 1707 年的欧拉被誉为有史以来最伟大的数学家之一。

欧拉从小就是一个数学天才，大学时他在神学院里攻读古希伯来文，但却连续 13 次获得巴黎科学院的科学竞赛的大奖。

1783 年，欧拉发明了一个"拉丁方块"，他将其称为"一种新式魔方"，这就是数独游戏的雏形。不过，当时欧拉的发明并没有受到人们的重视。直到 20 世纪 70 年代，美国杂志才以"数字拼图"的名称将它重新推出。

1984 年日本益智杂志《Nikoli》的员工金元信彦偶然看到了美国杂志上的这一游戏，认为可以用来吸引日本读者，于是将其加以改良，并增加了难度，还为它取了新名字称做"数独"，结果推出后一炮而红，让出版商狂赚了一把。至今为止，该出版社已经推出了 21 本关于数独的书籍，有一些上市后很快就出现了脱销。

数独后来的迅速走红，主要归功于一位名叫韦恩·古尔德的退休法官。古尔德现居住在爱尔兰，1997 年，无意中发现这个游戏，并编写了一个计算机程序来自动生成完整的数独方阵。2004 年年底，伦敦《时报》在古尔德的建议下开辟了数独专栏，《每日电讯报》紧随其后，在 2005 年 1 月登出了数独。后来，世界各国数十家日报相继开辟专栏来介绍数独，有的甚至把它摆在头版大肆炒作，招揽读者。专门介绍这种娱乐的杂志和一本又一本的书籍如雨后春笋般涌现，相关的比赛，网站和博客等等，也接二连三地冒出来。

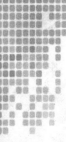

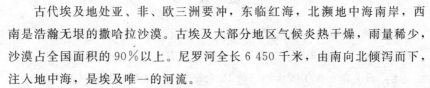

有趣的数学符号

古代埃及地处亚、非、欧三洲要冲，东临红海，北濒地中海南岸，西南是浩瀚无垠的撒哈拉沙漠。古埃及大部分地区气候炎热干燥，雨量稀少，沙漠占全国面积的90％以上。尼罗河全长6 450千米，由南向北倾泻而下，注入地中海，是埃及唯一的河流。

大约在5 000年前，古埃及人民已在酿造、建筑和防腐等工程技术方面达到了很高的水平。

古埃及人把文字记载在纸草上。"纸草"是一种生长在尼罗河三角洲的水生植物，形状像芦苇，把它的茎逐层撕开，剖成长条，整齐地排列在一起，然后联合成片，压平晒干。用削尖的芦苇秆蘸着颜料在纸草上书写。用纸草记下来的事情或数字内容，后人叫纸草书。

纸草书是不容易保存的，因此发现的纸草书文献十分珍贵。迄今为止，纸草书发现两本，一本叫伦敦本，一本叫莫斯科本。目前我们对古埃及数学及其记数符号的认识主要根据这两本用僧侣文字写成的纸草书。伦敦纸草书在埃及古都的废墟中发现，1858年由英国莱茵德（A. H. Rhind）所购得。他死后纸草书被英国不列颠博物馆收藏。1877年经埃津罗尔数学教授注释，人们才逐渐知道纸草书的数学内容，此书通常被人们叫做莱茵德纸草书或伦敦纸草书。这本书是用僧侣文写成的，作者是古埃及阿默斯（Ahmes，约前1700年）书记员（也有人说是祭祀的僧人）。书名十分冗长而有趣《阐明对象中一切黑暗的、秘密的事物的指南》。

另一本叫莫斯科纸草书，大约是公元前1850年写的。该书于公元1893年被俄国收藏家可连尼雪夫获得，1912年转归莫斯科艺术博物馆所有，原苏联科学院院士图拉耶夫（1868—1920）加以研究，1930年斯特卢威完成并出版。可惜此书散失卷首，不知书名和作者。

古埃及除纸草书外，还有一种皮革书，把文字写在兽皮上，其中也有书写着大量数字符号的"皮革数学卷"，最早也是由莱茵德于1858年发现的，现藏于大英博物馆。

古埃及有4种文字记号，最古老的是象形文字，大约公元前3000年就已形成。后来为了便于书写，经过简化，成为僧侣文字，主要在僧侣们中间使用，故称僧侣文。再进一步简化成通俗文字（民间文字）。还有一种"科普特文"，是公元 2—3 世纪时用希腊字母拼写的埃及文字。

在埃及尼罗河东岸发现最早的象形文字的石刻，此石刻现藏于巴黎罗浮宫博物馆，是埃及第 18 王朝第四代法老图特摩斯（Thutmmose，前 1490—前 1436 年）的记功碑，记录他统治第 29 年的战利品，是刻在砂岩上的浅浮雕，在浮雕上面我们能看到用符号所代表的数目，叫象形数字（后面两个数字出现的年代最早）。

每一个象形数字可能有几种写法。每个符号都象征着具体对象，如"1"就是一竖，像一根手指；"10"像拱门或一个面包；"100"是一卷绳或一条蛇；"1000"像荷花或忘忧树；"10^4"像一个指头或指着东西的手；"10^5"有好几种写法，有时像蝌蚪或鱼，有时像一只可爱的小鸟；"10^6"像一个受惊的人，又像埃及管空间的神；最大的数字"10^7"像初升的太阳。

据载："这些数字散见于陶片、石头、木头或纸草书上，在坟墓内、庙宇的墙上及方尖塔上都可以看到。"

古埃及人的象形数目字是十进的，但他们并不知道位值制，每个较高的单位是用特殊的符号来表示的。他们的记数法是用上面的符号依次重复排列组合表示。书写的方式与一些民族的记数法相反，古埃及人是从右往左的。

用这种符号来表示数是比较繁杂的，如表示 1999 要动用上面 28 个符号，可谓"庞然大物"了，并且这种记数法每个较高的单位（10 的乘幂）都创设一个新的符号，记太大的数就更困难，可以说难于上青天。

在莱茵德纸草书上，我们能看见第二种僧侣文数目符号，是象形文字的简化，当时只有神职人员才有闲暇和需要使用这套记数符号。

这组数目符号属于十进制，头 3 个自然数，我们并不陌生，与我国、罗马数字写法一样。除了 1、2……9 各有符号表示外，10、20……90 及 100、200……，也有一套特殊符号表示。使用这套记数符号，既难写又难记，它比以前一套符号更困难。

后来，由于纸草书写的需要，由象形符号演化出两种变体：僧侣符号与民间符号。

因为古埃及对个位数、100以内10的倍数、1000以内的倍数等数目都有专门的符号，所以，避免了重复排列，使记数较为简洁。

古埃及数字和巴比伦数字的结局一样，在公元12世纪印度－阿拉伯数字传入以后，它就完成了历史使命，离开了人们的生活、工作和学习领域。

现代埃及人（属阿拉伯国家），除通用"印度－阿拉伯数字"（他们叫英语数字）外，还使用着一套十分普及、老百姓很熟悉地称它为"阿拉伯数字"的记数符号，从物价牌上的定价到汽车牌号，从书刊的页码到广告牌上的电话号码等，都使用这套符号。

综上所述，古埃及最早的数字符号是发现于石刻上的象形文字符号，约产生于公元前两三千年。它使用十进位值制记数法，属于简单累数制，每一个较高的单位都用一个特殊的符号表示，记数时依次重复排列这些符号。后来，由于纸草书写的需要又演化出两种变体的记数符号：僧侣符号与通俗符号（民间符号），使记数符号较以前更为简洁。

知识点

古 埃 及

古埃及为四大文明古国之一，典型的水力帝国。受宗教影响极大，举世闻名的金字塔就是古埃及人对永恒观念的一种崇拜产物，也是法老王的陵墓，目前埃及共有80余座金字塔，其中最大的一座是胡夫金字塔。除了金字塔以外，狮身人面像、木乃伊也是埃及的象征。

古埃及位于非洲东北部（今中东地区），起初在尼罗河流域，直到国力强盛时候，才达到目前的埃及领土。它北临地中海，东濒红海，南邻努比亚（今埃塞俄比亚和苏丹），西接利比亚。从地理上看，埃及的东西两面均为沙漠，大南边有几个大险滩，同外界交往甚难，只有通过东北端的西奈半岛与西亚来往较为方便。所以，古代埃及具有较大的孤立性。

纵贯埃及全境的尼罗河，由发源于非洲中部的白尼罗河和发源于苏丹的青尼罗河汇合而成。流经森林和草原地带的尼罗河，每年7月至

11月定期泛滥，浸灌了两岸干旱的土地；含有大量矿物质和腐殖质的泥沙随流而下，也在两岸逐渐沉积下来，成为肥沃的黑色土壤。古代埃及人因而称自己的国家为"凯麦"，古希腊历史学家希罗多德说"埃及是尼罗河的赠礼。"古代埃及人曾写下这样的诗篇："啊，尼罗河，我赞美你，你从大地涌流出来，养活着埃及……一旦你的水流减少，人们就停止了呼吸。"

埃及的地理位置使得埃及多雨。从古代埃及留下来的大量雕刻和绘画可以看出，古代埃及人的特征是：高身材，黑头发，低额头，密睫毛，黑眼珠，直鼻子，宽脸型，阔肩膀，黑皮肤，体魄健壮。他们的体形、外貌与古代的利比亚人和努比亚人不同，也与古代的亚细亚人不同，而具有自己独特的特征。

 延伸阅读

象形文字

象形文字是指纯粹利用图形来做文字使用，而这些文字又与所代表的东西，在形状上很相像。一般而言，象形文字是最早产生的文字。用文字的线条或笔画，把要表达物体的外形特征，具体地勾画出来。

例如，中国甲骨文的象形字"月"字像一弯月亮的形状，"龟"（特别是繁体的龟字）字像一只龟的侧面形状，"马"字就是一匹有马鬃、有四腿的马，"鱼"是一尾有鱼头、鱼身、鱼尾的游鱼，"艹"（草的本字）是两束草，"门"（繁体的門更像）字就是左右两扇门的形状。"酒"字去掉三点水就像一个酒瓶里面有酒，所以酒去掉三点水读 yǒu。而"日"字就像一个圆形，中间有一点，很像人们在直视太阳时，所看到的形态。

值得一说的是，中国最初的文字就属于象形文字，甲骨文和金文亦算是象形文字。汉字虽然还保留象形文字的特征，但经过数千年的演变，已跟原来的形象相去甚远，所以不属于象形文字，而属于表意文字。此外，玛雅文字的"头字体"和"几何体"亦是。

古印度时流行的计数法

有趣的数学符号

古印度人最早没有数字时，采用一种实物命数法。例如，天上只有一个月亮，他们就用"月"字代表1，人有双目，用"目"代表2，另外还有4"海"、5"官"、6"味"、7"山"等。

公元前2500年左右，出现一种称为哈拉巴数码的铭文记数法：

这里1至5与我国纵式算筹一样。这11个记数符号不是十进制，更不是位值制，具有八进制的痕迹。

后来，古印度数码就像古印度的王朝改朝换代一样，数字符号也出现了几种演变。例如公元前250年（一说公元前300年左右）在婆罗米（Brahmi）石碑上发现了1、2、3、4、6五个数码，又如公元1世纪的一块石碑上出现，公元2—4世纪的钱币上出现。

显然，以上3套数字符号的前3个和我国算筹记号一样，也许是我国传过去的，后两套符号变化大体一致，个别有不同，但都没有出现零记号。

特别引人注目的是用梵文（印度古代文字）的字头表示数字，其中没有1和零的符号。但是，考古学家发现，公元前后，在这不断别出心裁地创立符号的热潮中，印度人通行起两种数码——卡罗什奇（Kharosthi）数码和婆罗米（Brahmi）数码，这两种数码仍旧没有零。

这套符号1、2、3与我国算筹一样，数5、6、7和8与碑和钱币上的数码有相似之处。婆罗米数码是用公元前7—8世纪形成的印度文字的祖先

阿拉伯数码

婆罗米文字表示的。卡罗什奇数码是公元前2世纪出现的。婆罗米记数符号是公元元年前后出现的，只有十进制，而不是位值制。10、20……90、100、200都是单独的符号，使用起来仍较复杂，并且婆罗米数码从1~9每个数都有

单独的记号，不足的是没有零和进位记法。"对当时这个数字上尚未开化的人民来说，他们肯定还没有看出单独的数字记号的好处；这种写法也许是由于该数名称的第一个字母来代替而产生的。"

大约在公元 5 世纪，印度数码中零的符号日益明确，印度数码产生了十进制的位值制数码。如被誉为德温那格制（Devanagari）的数字，原意是"神圣的城市天城体"数码，人们在 8 世纪时所见到的样子如下：

这是一套完整的印度 10 进位值制记数的典型代表。这套符号中的 1、2、3、5 只要修饰一样就显出当今通用数码的面容。其中的符号"6"阴差阳错地表示今天的"7"，后来的阿拉伯人将这种"扭曲"改了过来。

印度人没有停止去创新、改革，企图演变出他们满意的符号。如公元 8-9 世纪的手稿、公元 10 世纪的梵文手稿以及佛教的手稿，我们都可以发现印度人这种孜孜以求、不断改革完善的革命精神。

后来，印度数码通过贸易、佛教以及外国入侵，逐渐传到了阿拉伯。这些精彩的印度符号便在阿拉伯人的加工改造下，最终形成了阿拉伯数码。

古印度

古印度与古埃及、古巴比伦、中国并称为"四大文明古国"。

古代印度，又译身毒、天竺。公元前 2500—前 1500 年，达罗毗茶人创造了哈拉帕文化。后来摩揭陀日益强大，统一了全印度。公元 2—3 世纪，一度被贵霜王国统治。古印度存在等级森严的种姓制度。其佛教、文学、哲学、艺术、科学等，对世界文化影响深远。

印度是中国的近邻，位于南亚地区。但由于连绵高耸的喜马拉雅山脉的阻隔，我们对于这位邻居的情况又知之甚少，"去西天取经"在中国人的耳朵里成了艰难的代名词，和古代埃及的尼罗河、两河流域以及中国的黄河、长江一样，印度河、恒河同样酝酿了光耀人寰、彪炳史册的古代文化。古埃及、古巴比伦、古中国、古印度同被称为世界四大文明古国。

有趣的数学符号

婆罗米字母

婆罗米字母是印度古代最重要的、使用最广的字母。婆罗米的原意"来自大梵天的"，是婆罗门为了给这种字母围上一圈圣光而捏造出来的。这种字母历史极古，与古代腓尼基字母有一些渊源关系。它是一种音节字母，自左向右横行书写。每一个字母代表一个元音或者后面带 a 的辅音。如果辅音后面是 a 以外的元音，则在字母上面、左面或右面另加不同的符号表示。如果辅音不带任何元音，则用涅槃点来标明。

这种字母公元前 6 世纪已开始使用，变体颇多。

近百年来在中国新疆发现的古代梵文以及其他文字的残卷是用所谓中亚婆罗米斜体字母书写的。

广泛流传的阿拉伯数字

阿拉伯数码和记数法也像整个阿拉伯数学一样，是在一定程度上吸收了外来成就，特别是希腊和印度成就以后，经过自己的加工、发展而成的。

聪明的阿拉伯人，看到古希腊曾用字母表示数，阿拉伯文共有 28 个字母，他们就用每个字母代表一个数字。其中 9 个字母代表个位数，9 个字母代表十位数 10～90，还有 9 个字母代表百位数 100～900，剩下一个字母代表 1000，这种字母表示数如下表：

这里，阿拉伯数字记数是按数字从小到大顺序排列，并不是字母表原来的顺序。这种字母记数法，从中世纪直到现在还在使用，多半用于占卜和神事。令人感兴趣的是，在阿拉伯词典中，每一个字母都表明它所代表的数字。

关于阿拉伯数字，曾有一个美丽的传说：古老的阿拉伯数字中，凡两条线段交叉处就组成一个角，每个阿拉伯数字原来的形状就是角的个数。

阿拉伯国家记数符号不是独此一种，还有另外的数码。

ا	alif	1	س	sin	60
ب	ba	2	ع	syn	70
ج	jim	3	ف	fa	80
د	dal	4	ص	sad	90
ه	ha	5	ق	qaf	100
و	waw	6	ر	ra	200
ز	zay	7	ش	shin	300
ح	ḥa	8	ت	ta	400
ط	ṭa	9	ث	tha	500
ي	ya	10	خ	kha	600
ك	kaf	20	ذ	dhal	700
ل	lam	30	ض	dad	800
م	mim	40	ظ	za	900
ن	nun	50	غ	ghayn	1000

  数 1、2、3……曾在欧洲一些数学史书中被记载为"阿拉伯数字"。其实，这是一个历史的误会，从迄今为止所搜集到的古印度数码可知，古印度数码早在公元 4—5 世纪就已经稳定地发展了。公元 8 世纪，阿拉伯人入侵印度，发现了印度具有十进位值制的德温那格利数字比阿拉伯原用 28 个字母记数符号以及当时欧洲人使用罗马记数方法既简便又科学。阿拉伯人一见钟情，对它发生了极大的兴趣。

  公元 773 年，印度数码开始在阿拉伯的巴格达王宫落脚。据说是一位印度数学家带着天文数表来到哈里发的巴格达王宫，曲发扎里（Al-Fazari，卒于 796 年到 806 年之间）将数表译为阿拉伯文；另一说是，有一位在巴格达城的印度天文、数学家，开始将印度天文、数学书籍译成阿拉伯文，于是，印度数码传入阿拉伯国家。估计这位印度人带去的是德温那格利数码（具有十进位值制）。还有一本书说，印度传入德阿拉伯数码，最早见于公元 662 年叙利亚一个"一性论派"主教塞•西波克（S. Sebockt）著作中。两种说法相差 100 余年，若后者成立，印度数码传入阿拉伯应当早在 7 世纪了。

在传入的基础上，阿拉伯第一位伟大的代数学家阿尔·花拉子米（Al-khowarizmi，约780—约850年，一说840年）写成《印度的计算术》（又译为《印度数字的计算法》），书中用阿拉伯文叙述了十进位制记数法及其运算法则，特别提出数0在其中的应用及其乘法性质。这是第一部用阿拉伯语介绍印度数码及记数法的著作，后人称为"印度－阿拉伯数码"。

公元8世纪，阿拉伯入侵西班牙以后，把印度这种一两笔连成的数码传给西班牙。后来经西班牙传入意大利、法国和英国。西欧人称"沙土数码"为"阿拉伯数码"，这就是现在阿拉伯数码名称的起源。

阿育王像

公元前3世纪，印度最早有一种婆罗米数码。这种数码是印度阿育王（前3世纪）时期的婆罗米数字，在寺庙的墙壁、石碑及铜片上到处可见。

公元876年，在印度中央邦西北部的城市——瓜廖尔地方的一块石碑上，发现瓜廖尔字体数码。

这是目前最早发现的可靠史料，它确凿无疑地证明印度最早用实心圆点"·"表示零，一改过去用空格表示零的历史。

到了公元11世纪，印度数码又发展演变成梵文字的天城体，即梵文－天城体。这种数字标志着印度数字发展已渐臻成熟，具有十进位值制。直到今天，印度人还在使用这套数码，如当今使用梵文字母的印地语（印度的官方语言）、马拉地语（印度西部与中部的方言）等语种的印度人，仍然使用德温那格利数码或天城体。可是，当你看到他们使用这套数码时，千万不要认为印度人没有使用现代通用国际的印度－阿拉伯数码，就像中国人在使用现代通用国际的印度－阿拉伯数码，仍在并用中国数码一样。

8世纪后期，有一个印度天文学家访问巴格达王宫时，把印度式的数字写法介绍给了阿拉伯人，后来又传到欧洲。

公元 11 世纪，以上印度数码，已经在阿拉伯生根了三四百年，并衍生出来许许多多形状的阿拉伯数码。例如，东、西阿拉伯数字母亲生出的两个相貌不同的数码儿女，一个叫西阿拉伯数码。

后来，西阿拉伯数码已经演变成与现代通用数码接近的写法，除了"4"与现在差别大和没有 0 外，其余都一样了。另一个叫东阿拉伯数码，东阿拉伯数码由于当时没有印刷术，全靠手写，所以慢慢出现与西阿拉伯数码不同的形体。这种数码在东部逐渐固定下来，成为东部通用数码，至今阿拉伯（包括埃及等）地区仍在使用。

从东、西阿拉伯数字可以看出，它们仍具有十进位制，并且书写笔画为一或二画，确实很简单。它成为欧洲人青睐的一种数码。

诞生在印度，传播在阿拉伯的数码，后又在欧洲大地上迅速传递着、改进着。最后，历经几百年，一步一步地逼近现代形式。

公元 13 世纪在君士坦丁堡（现在伊斯坦布尔）一个僧人普兰尼达（约 1260—1310）的书中，出现了与东阿拉伯数码接近的数码。

公元 1480 年英国的卡克斯敦（1422—1491）出版的印刷本书中，数码已相当接近现代的写法。

到 1522 年，在英国托恩斯妥（K. Tonstall，1474—1559）所写的书中，数码才和现在写法基本一致，并逐渐固定下来。

印度－阿拉伯数码用较少的符号，最方便地表示一切数和运算，给数学的发展带来很大的方便，是一项卓越伟大的贡献。

知识点

花拉子米

花拉子米，全名阿布·贾法尔·穆罕默德·伊本·穆萨·阿尔－花拉子米。伟大的阿拉伯数学家、天文学家、地理学家。花拉子米自己的名字被误传为拉丁化的"algorism"，后来该词具有"计算艺术"的意思，即我们今天所称的"算术"（arithmetic）（而古代的所谓算术则是我们今天所谓的"数论"）。

花拉子米科学研究的范围十分广泛，包括数学、天文学、历史学和地理学等领域。他撰写了许多重要的科学著作。公元825年左右编辑著成了《代数学》，比较完整地讨论了一次、二次方程的一般原理，并首次在解方程中提出了移项和合并同类项的名称，书中还承认二次方程有两个根，容许无理根的存在。他把未知量叫做"根"，从而把解方程叫做"求根"，西文"Algebra"（代数）就是从这本书的书名演变而来的。

阿拉伯数字实际由印度人发明

提起国际上通用的阿拉伯数字，人们自然而然地就会联想到，它一定是由阿拉伯人首创且被阿拉伯民族一直沿用。然而事实却不是如此，包括"零"在内的10个数字符号实际上是由印度人发明的。

大约在公元760年，印度一位旅行家来到阿拉伯帝国首都巴格达，把携带的一部印度天文学著作《西德罕塔》献给了哈里发·曼苏尔（国王）。曼苏尔令人将其翻译成阿拉伯语，从此印度数字及印度的计算方法，被介绍到阿拉伯国家。

由于印度数字简单方便，所以阿拉伯人很快便使用起来，并把它传到了欧洲。与冗长繁杂的罗马数字相比，这种数字记法有很大优越性，于是在欧洲普及开来。

1202年，意大利出版了《计算之书》，系统介绍和运用了印度数字，标志着新数字正式在欧洲得到认可。由于是阿拉伯人将印度数字带来的，所以欧洲人一直称其为"阿拉伯数字"。

日本古代的数字

人类从何时开始定居于日本列岛，至今仍无定论。最早居住在这里的日本原人也称为绳纹人。日本的新石器文化有绳纹文化和弥生文化。日本公元2世纪开始成为奴隶制国家。公元4世纪中叶，古代的日本建立了第一个统一的国家——大和国。它的最高统治者称为大王，后来称为天皇。公元645年，日本发生了"大化革新"，由奴隶社会过渡到封建社会。从1192年起，武士集团的首领操纵国家大权达600多年之久，天皇成为象征。

在10世纪以前，日本国主要吸收外来的文化，中国、朝鲜和印度的文化对日本都有很大影响，尤其是中国。10世纪以后，真正的日本文化才发展起来，日本数学的繁荣则更晚，是17世纪以后的事。

日本人按照自己的特点发展起来的数学叫做"和算"，也称之为日本传统数学，渊源于中国。"和算"在17世纪后期至19世纪中叶为兴盛时期。中日两国人民自古以来交往密切，是一衣带水的近邻。

佛教从印度传入中国，又从中国传入朝鲜和日本。唐朝时候，中日互派留学人员，日本留学生和僧人来华或中国人前往日本，把中国的典律制度、文化技术、建筑、雕刻艺术、医学等传到日本。日文的片假名和平假名，就是利用汉字创制出来的。

大 和 国

大和国是指4—7世纪的日本，当时，大和国还是一个奴隶制的国家。大和国又称倭国、大倭国。晚于邪马台国，大化革新后天皇执政，大和时期结束。在考古学上称为古坟时代。大和国家形成初期，以近畿大和地方为中心。倭王名为大王。以倭王为首，畿内豪族葛城臣、平群臣、苏我臣、大伴连、物部连等联合组成统治机构，臣、连等豪族分掌国家的祭祀、军事、外交、财政等，在朝廷内有较大的权力。地方设国（以国造为长）、县（以县主为长）、村（以稻置和村主为长），国和县中有公、直、首等姓的地方豪族。

延伸阅读

日本武士

武士，10—19 世纪在日本的一个社会阶级。一般指通晓武艺、以战斗为职业的军人。除了受到汉语语系影响的极少数国家以外，绝大多数多种语言以日语的"侍"（罗马字以 Samurai 来显示，或者 Bushi）。武士的精神被称为"武士道"（Bushido）。武士遵守不畏艰难，忠于职守，精干勇猛的信念。有人认为这一准则代表的可能不只是理想，武士的忠诚、勇猛是建立在他所效忠的领主能对武士所作出的贡献给予奖赏的主从制度上，他们同时也是一种磨灭人性的职业，在日本的井上清先生的著作《日本历史》中，明确为武士定义：杀人、抢劫、强盗即为武士，战败而逃亡、流浪的武士则为浪人，可见日本武士杀人成性的本质。

最早的大数表示

关于大数的表示，最早是在古希腊数学之神阿基米德开始的，他的大数表示的思想方法是怎样的呢？阿基米德从理论上提出了一种表示大数的方法，不过，他是否创设了适当的符号不得而知。他在《论数沙》（也叫《数沙器》或《砂数计算》或《数砂者》）一书中写道："有人认为，无论是在叙拉古城（他的故乡），还是在整个西西里岛或者在世界上有人烟和没有人迹的地方，沙粒的数目都是无穷的；也有人认为沙粒的数目不是无穷的，但是想表示沙子的数目是办不到的……但是，我要告诉大家，用我找到的方法，不但能表示出占地球那么大地方的沙粒的数目，甚至还能表示把所有的海洋和洞穴都填满了沙粒，这些沙粒总数不会超过 1 后面有 100

个零。"

"1 后面连续有 100 个零"，这个数目用现在的"科学记数法"可表示为 10^{100}，有 101 位数。好大一个自然数！按照数位念出来，就是一万亿亿亿亿亿亿亿亿亿亿亿，"亿"字要念 12 次，或者说在一万后面有 12 个亿字。

这个数目 10^{100}，姑且避开它是不是地球上所有的沙粒数，但在阿基米德前后没有别的大数超过它。有人打了一个比方说：太阳质量很大，它的质量大约有 2 千亿亿亿吨，用科学记数法写出来也只是 2×10^{27} 吨；河外星系有的恒星距离我们的地球约有 100 万万光年，也就是 10^{10} 光年，1 光年表示光走一年所走的路程（距离）。光速为 3×10^5 米/秒，一年约 3×10^7 秒，可以根据路程（距离）＝时间×光速公式，算出这颗恒星离地球的距离是 $3 \times 10^5 \times 3 \times 10^7 \times 10^{10} = 9 \times 10^{22}$（米）。这个 9×10^{22}（米）尽管很大，但是要和阿基米德给出的 10^{100} 相比，还是要小上许多许多。

当然，现代人对阿基米德书中所说的，用他的方法能把所有的自然数都表示出来，提出了怀疑。因为有头无尾的自然数是无限的。在浩如烟海的自然数里，10^{100} 又如沧海一粟，在这渺茫茫没有尽头的数海里，用 10^{100} 要表示无限多的自然数显然不能，无论我们达到了多么大的数，与无限个自然数相比，也只是一个微不足道的部分。现代人表示无限的自然数，一般只能用 1、2、3……，后面的省略号表示其无限的意思。所以，我们在阿基米德书中或后来的科学文献

阿基米德像

中，都没有发现用适当的符号表示任何大数。注意，今记号"∞"表示无穷大量，是一个分析学概念，并不是表示无穷数的符号。

阿基米德引出了数 10^{100}，无论读或写出来都是一长串，既繁杂又不简便。科学除讲究严谨、抽象和广泛应用等外，还讲究简洁。为此，现代人回过头去给阿基米德 10^{100} 大数起了一个名字，叫"googol"，音译为"古戈尔"，有人又译为"古怪"，它的意思是"巨大的数字"，这是爱德华·卡斯纳和詹姆·纽曼两位数学家在 1940 年为它取的名字。

"古怪"或"古戈尔"在过去是一个非常大的数的代名词，可是在当今的科学研究中又嫌它太小。1994 年美国克雷研究公司的科学工作者用该公司的超级计算机找到了第 33 个"梅森素数"为 $2^{859433}-1$，它是一个有 2587116 位的大数，截至 2001 年 11 月 4 日，数学家又找到第 39 个梅森素数 $2^{13466917}$，且它有 4053946 位，是目前最大的，10^{100}（101 位）与之相比，又是小上很多了。

数学家们提出一个倡议，为了表示比"古怪"数 10^{100} 更大的数，规定为"googolplex"，它的译文还没有固定，音译为"古戈尔布莱克斯"，有人音译为"古怪不可思"。它的大小是在一万后面连续有 12 亿个零。它的零太多了，有人打过比喻说，即使把"0"缩成一个原子核大，地球表面也平铺不下这么多个"0"，或者一万亿个宇宙中全部核子个数，还不够 1 个古怪不可思数的零的个数。如果读出这个"庞然大物"的数，即使每秒能念出 10 个"亿"零来，从地球诞生一直念到地球毁灭，也只能念到"古怪不可思"数的一个极小零头。

从这里可以看出，"无限"的王国是神秘莫测、难以征服的。正如一位数学家所说："从来就没有任何问题像无限那样，深深地触动着人们的情感，没有任何观念能像无限那样，曾如此卓有成效地激励着人们的理智，也没有任何概念能像无限那样，是如此迫切地需要予以澄清。"事实上，人类对数学无限的认识的每一次深化都导致了数学的重大进展，当今的数学就是一门无限的科学。如未解决的哥德巴赫猜想和已解决的费马猜想等，就是无限向人类智慧的有力挑战。数学中的无限问题正在激励数学家走向数学巅峰的迷人征途中。将来的一天，对"无限"问题，"我们必须知道，我们必将知道"。

阿基米德

两千年前（约前287—前212），伟大的古希腊哲学家、数学家、物理学家、力学家，静力学和流体静力学的奠基人。出生于西西里岛的叙拉古。从小就善于思考，喜欢辩论。早年游历过古埃及，曾在亚历山大城学习。据说他住在亚历山大里亚时期发明了阿基米德式螺旋抽水机，今天在埃及仍旧使用着。第二次布匿战争时期，罗马大军围攻叙拉古，最后阿基米德不幸死在罗马士兵之手。他一生献身科学，忠于祖国，受到人们的尊敬和赞扬。

阿基米德出生在古希腊西西里岛东南端的叙拉古城。在当时古希腊的辉煌文化已经逐渐衰退，经济、文化中心逐渐转移到埃及的亚历山大城；但是另一方面，意大利半岛上新兴的罗马共和国，也正不断地扩张势力；北非也有新的国家迦太基兴起。阿基米德就是生长在这种新旧势力交替的时代，而叙拉古城也就成为许多势力的角力场所。

阿基米德的父亲是天文学家和数学家，所以阿基米德从小受家庭影响，十分喜爱数学。大概在他9岁时，父亲送他到埃及的亚历山大城念书。亚历山大城是当时世界的知识、文化中心，学者云集，举凡文学、数学、天文学、医学的研究都很发达，阿基米德在这里跟随许多著名的数学家学习，包括有名的几何学大师——欧几里得，在此奠定了他日后从事科学研究的基础。

数学家艾萨克·牛顿

牛顿是英国最为著名的物理学家和数学学家。

在学校里，牛顿是个古怪的孩子，就喜欢自己设计、自己动手，做风

筝、日晷、滴漏之类器物。他对周围的一切充满好奇，但并不显得特别聪明。

1665—1666年严重的鼠疫席卷了伦敦，剑桥离伦敦不远，为恐波及，学校因此而停课，牛顿于1665年6月离校返乡。一天在树下闲坐，看到一个苹果落在地上，便开始捉摸，这种将苹果往下拉的力会不会也在控制着月球。由此牛顿推导出物体的下落速度改变率与重力的大小成正比，而重力大小与距地心距离的平方成反比。后来牛顿的棱镜实验也使他一举成名。

牛顿最卓越的数学成就是创立了微积分，此外对解析几何与综合几何都有比较显著的贡献。

牛顿有两句名言是大家所熟知的。他在一封信中写道："如果我比别人看得远些，那是因为我站在巨人们的肩上。"据说他还讲过，"我不知道世人对我怎么看；但在我自己看来就好像只是一个在海滨嬉戏的孩子，不时地为比别人找到一块光滑的卵石或一只更美丽的贝壳而感到高兴，而我面前的浩瀚的真理海洋，却还完全是个谜"。

几何与三角函数符号

几何，就是研究空间结构及性质的一门学科。它是数学中最基本的研究内容之一，与分析、代数等等具有同样重要的地位，并且与它们的关系极为密切。

三角函数，是数学中属于初等函数中的超越函数的一类函数。它包含6种基本函数：正弦、余弦、正切、余切、正割、余割。

几何符号与三角函数符号，是研究和学习几何与三角函数的工具，有了它们，可以更好地在几何和三角函数的长河中流连、驻足。

换句话说，数学运算符号的出现，为人类研究数学，提供了更为有利的条件。

∠角号

在数学中，要研究各种各样的数和形。数和形的概念，是从天上掉下来的吗？不是。是人们头脑里固有的吗？也不是。它们是从社会实践中得来的。

人类的祖先从开始制造工具起，就脱离了动物界，对千奇百怪的"形"有了一定的认识。比如说，当古人们观察到人的大小腿间，或者上下臂之间，形成了一个角度，这种形象在头脑里反复了无数次，就可能会产生出角的蒙昽概念。据考证，在很多语言中，角的边常用"臂"或"股"字代表。

随着社会的不断进步，人们终于从各种角的形象中，抽象出它的本质概念：由一点出发的两条射线所组成的图形叫做角。"角"用符号"∠"表示，读作"角"。

角是几何里最简单的图形之一。用"∠"和三个大写字母联合起来，能形象地表示一个角，方法是这样的：

在角的两边上各取一个点并用字母表示，把表示顶点的字母放在中间，如图1所示，可记作：∠AOB 或∠BOA。

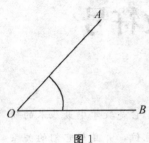

图1

为了方便，角也可以用小写的希腊字母α、β、γ……或者用阿拉伯数字表示，要把字母或数字写在角的内部靠近顶点的地方，如图2所示。

如图3，角也可以看作一条射线以 O 为中心，从 OA 位置旋转到 OP 位置而形成的。这里既要考虑 OP 的旋转方向，又要考虑旋转的角度大小。通常规定逆时针方向为正，顺时针方向为负。OP 绕点 O 可以任意旋转，几周都行，其旋转量称为 OA 和 OP 形成的角。正方向旋转形成的角称为正角，负方向旋转形成的角叫做负角。OA 为始边，OP 为终边，因终边旋转不受限制，其差为 2π 的整数倍，所以终边处在任何一个位置都表示无穷个角。如果其中一个角为α，所有与α终边相同的角，连同α在内，可以记作：

$$2k\pi + \alpha \text{ 或 } k\,360° + \alpha \text{ (} k \text{ 为整数)。}$$

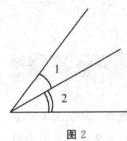

图2

把平面上的角推广到空间时，其相应的图形是二面角。

如果，给出平面上的∠AOB，如果把顶点 O 改为直线 AB，把 OA 和 OB 这两条边分别改为半平面 P 和 Q，得到的图形是二面角。

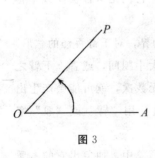

图3

假如设二面角的棱是 AB，两个面是 P，Q，那么这个二面角用符号"P—AB—Q"表示。

如何度量这个二面角的大小呢？

以二面角棱上的任意一点为顶点，在两个面内分别做垂直于棱的射线，由这两条射线构成的一个平面上的角，叫做二面角的平面角。如图 4 所示，$\angle MON$ 就是二面角"$P-AB-Q$"的平面角。

一个二面角的大小，可以用它的平面角来度量，这种方法非常巧妙。

同样，空间两条异面直线所成的角，直线与平面所成的角，都是通过平面几何中的角来定义的。因而，它们都可以看做是平面几何中角的概念在空间的拓广。

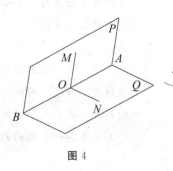

图 4

异面直线

定义：不同在任何一个平面内的两条直线叫做异面直线（skew lines）。

特点：既不平行，也不相交。

判定方法：

（1）定义法：由定义判定两直线永远不可能在同一平面内。

（2）定理：经过平面外一点和平面内一点的直线和平面内不经过该点的直线是异面直线。

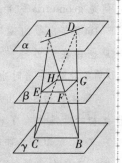

两条异面直线所成的角的定义：直线 a，b 是异面直线，经过空间一点 O，分别引直线 $A//a$，$B//b$，相交直线 A，B 所成的锐角（或直角）叫做异面直线 a，b 所成的角。一般取的范围在 $(0°，90°)$。

两条异面直线垂直的定义：如果两条异面直线所成的角是直角，则称这两条异面直线互相垂直。

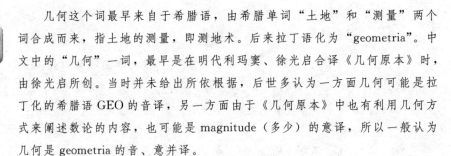

两条异面直线的公垂线的定义，和两条异面直线都垂直相交的直线，叫做两条异面直线的公垂线。两条异面直线的公垂线，有且只有一条。

两条异面直线的距离的定义：两条异面直线的公垂线在这两条异面直线间的线段，叫做这两条异面直线的公垂线段；公垂线段的长度，叫做两条异面直线的距离。

与两条异面直线的距离都相等的点的集合是双曲抛物面。

几何名称的由来

几何这个词最早来自于希腊语，由希腊单词"土地"和"测量"两个词合成而来，指土地的测量，即测地术。后来拉丁语化为"geometria"。中文中的"几何"一词，最早是在明代利玛窦、徐光启合译《几何原本》时，由徐光启所创。当时并未给出所依根据，后世多认为一方面几何可能是拉丁化的希腊语 GEO 的音译，另一方面由于《几何原本》中也有利用几何方式来阐述数论的内容，也可能是 magnitude（多少）的意译，所以一般认为几何是 geometria 的音、意并译。

1607 年出版的《几何原本》中关于几何的译法在当时并未通行，同一时期也存在着另一种译名——形学，如狄考文、邹立文、刘永锡编译的《形学备旨》，在当时也有一定的影响。在 1857 年李善兰、伟烈亚力续译的《几何原本》后 9 卷出版后，几何之名虽然得到了一定的重视，但是直到 20 世纪初的时候才有了较明显的取代形学一词的趋势，如 1910 年《形学备旨》第 11 次印刷成都翻刊本徐树勋就将其改名为《续几何》。直至 20 世纪中期，已鲜有"形学"一词的使用出现。

⊥ 垂直号

　　建筑工人在砌墙时，常用一端系有铅锤的线，来检查所砌的墙面是否和水平面垂直。这条带铅锤的线叫做铅垂线。测量时这条线在空中自由摆动画出了圆弧，当它静止下来时，铅垂线和地面成直角。当铅垂线与墙壁面平行时，自然墙面和水平面就垂直了。

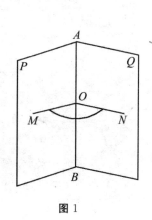

图 1

　　在平面几何中，把相交成直角的两条直线叫做两条直线互相垂直。"垂直"用"⊥"表示，读作"垂直于"。如直线 AB 和 CD 垂直时，记作：$AB \perp CD$。

　　垂直号简便易写，是几何学里常用的符号之一。空间直线和平面垂直，平面和平面垂直，两条异面直线互相垂直等，都是通过平面里两条直线的垂直来判定的，因而可以看作是平面几何里垂直概念的推广。

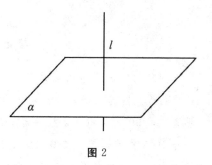

图 2

　　如果一条直线和一个平面内的任何一条直线都垂直，就说这条直线和这个平面垂直。

　　如图 2，直线 l 垂直于平面 α，记作：$l \perp \alpha$。

　　可以证明：只要直线 l 垂直于平面 α 内两条相交直线，就有 $l \perp \alpha$。

　　同样，两个平面相交，如果所成的二面角是直二面角，叫做两个平面互相垂直。

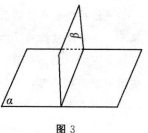

图 3

　　如图 3 面 α 和平面 β 垂直时，记作 $\alpha \perp \beta$。

　　也可以证明：若平面 α 通过一条垂直于平面 β 的直线，则 $\alpha \perp \beta$。

垂直号"⊥"十分形象地表达了直线与直线，直线与平面，平面与平面的垂直关系，是几何中常用的符号之一。

直　角

在几何学和三角学中，直角，又称正角，是角度为90°的角。它相对于1/4个圆周（即1/4个圆形），而两个直角便等于一个半角（180°）。角度比直角小的称为锐角，比直角大而比平角小的称为钝角。

一个直角等于90°，符号：Rt∠。

延伸阅读

铅垂线测垂直

判断物体是否与地面垂直，可用铅垂线法，即一根线加上一个重物。此重物人们称为铅锤，铅锤受重力作用，即受地球引力作用，让线与地面垂直，成90°角。铅锤重量的大小与垂直线的垂直度无关，如1千克重的铅锤与10千克重的铅锤形成的垂直线的垂直度一样，均为90°。还有，当铅锤的旁边有重物也不能影响垂直度，如在山脚下的铅垂线，铅锤旁边是一座山，对垂直度也没有影响。

用铅垂线来进行实验，说明牛顿万有引力定律、爱因斯坦引力理论应修正，在铅垂线的线上加一个镜子，用来反射光线到刻度尺上。记住刻度尺的光点的位置。然后，将一块马蹄状的强永磁体靠近铅锤，使铅锤处在磁场的中间，这时，可以看到光点在刻度尺上发生了改变。同样，可以用马蹄状的铁磁性物体在充磁前与充磁后放在同样位置上比较光点在刻度尺上的位置的变化，退磁前与退磁后放在同样位置上比较光点在刻度尺上的位置的变化，证实电磁力与引力有联系、电磁力对物体重量有影响、反引力效应的存在，同时证实了新引力定律成立。说明了在爱因斯

有趣的数学符号

坦引力理论中，应加上电磁力对引力有影响、对时空弯曲程度的大小有影响。

　　铅锤重物可用铜、金、银等金属非磁性元素，硅等非金属非磁性元素，非磁性化合物，如玻璃、陶瓷等。

角度符号

　　古代的人们由于生产劳动的需要，早就注意研究天文和历法了。因为古代科学不够发达，长期误认为太阳和金星、木星、水星、火星、土星等一些星体，都沿着圆形轨道环绕地球旋转。由于天文学的需要，要求计算太阳在一天内走过的圆弧长和转过的圆心角。那时把一年近似取作 360 天。这样太阳每天所转过的圆弧就是太阳圆形轨道的 1/360，于是规定这一段圆弧所对的圆心角是 1 度的角。它是度量角的基本单位。

　　在几何学里，"度"用"°"表示，读作"度"。

　　为了适应更为精确的计算，将"度"的单位再细分下去，常见的分法是 2、3、4、5、6、10 和 12 等分。为了分得的结果是整数，需要取上述 7 个数的最小公倍数为 60，这样度以下自然采取了六十进位制。把一度分成 60 等份，每一份叫做 1 分，"分"用"′"表示。再把一分分成 60 等份，每一份叫做 1 秒，"秒"用"″"表示。

　　托勒密的《天文学大成》采用了角度符号，并以古巴比伦的六十进制作为角度之进位制。基本单位记作 $\mu o 1 \rho \alpha 1$，但常简记作 μ°。首个 60 分位以一重音号"′"表示，而第二个 60 分位则以两个重音号"″"表示，如以 $\mu o \iota \rho \widehat{\omega} \nu \ \mu \xi \ \mu \beta' \mu''$ 表示 $47°42'40''$；还以 $\mu^{\circ} \beta$ 表示 $2°$。

　　漫长的中世纪时代中，并没采用过托勒密的符号。早期之拉丁文手稿内是以文字缩写 gu，gdu，gdus 等表示角度。于 12 世纪由阿拉伯天文表翻译之拉丁文书内，则以 gradus（度），minutae（分），secllndae（秒）等及其缩写，分别为 Gr.，min.，sec 表示角度。1515 年于德国科隆（Cologne）印行的托勒密的《天文学大成》内以 ǵ 表示度，m̃ 表示分。1536 年，雷格乌斯以 T，S，g，m，s，t，qr 表示角度，其中 1T＝12S，1S＝30g（度），1g＝60m，1m＝60s 等。这用法非常广泛，1611 年，克拉维乌斯以 G.，

M.，S. 分别表示度，分，秒。

1540 年，弗里西乌斯以 36 $\overset{\text{Integr.}}{\,}$ 30 $\overset{\text{Mi.}}{\,}$ 24 $\overset{2.}{\,}$ 50 $\overset{3.}{\,}$ 15 $\overset{4.}{\,}$ 表示现在的 36°30′24″50‴15$^\text{IV}$。最先以°表示度的要算佩尔蒂埃（1558），但他并没像现在这样直接应用，他把 12′20″的角记作 s. o. e. 0$\tilde{\text{m}}$. 12. $\tilde{\text{2}}$. 20。

最早以现代形式，即以°、′、″表示角度的是莱因霍尔德（1571），他以° 63′13″53 及 62°54′18″两种形式表示角度。其后第谷·布拉赫（1573）也采用了这角度符号。后来逐渐得到普遍应用，但间或有人（如斯霍纳、赖特等）把°、′等记于数字上，如以 7̇5̇0 表示 7°50′。1741 年，舍文强调了 1°48′ 28″12‴的角度符号，此后得到通用。

我们知道，时间的单位是小时，它的 $\frac{1}{60}$ 叫做 1 分，用"′"表示，1 分的 $\frac{1}{60}$ 叫做 1 秒，用"″"表示。

时间的单位是小时，角度的单位是度。表面看来，好像是两种完全没有关系的量。但是仔细研究一下，两种量之间有着密切的联系。比如研究昼夜的变化，就要观察地球的自转，这时自转的角度和时间是联系在一起的。

知识点

单　位

　　单位，在各个领域中有着不同的地位，有指机关、团体或者企业上班的地方；也有的在数学方面或物理方面计算单位，一般有：米（m）、千米（km）、牛（顿）N、帕（斯卡）Pa 等单位。但在佛教传统意义上讲单位，特指长度、质量、时间等的定量单位，也有专门的术语如：刹那、一瞬、弹指、须臾等。

托勒密

克罗狄斯·托勒密（约 90—168），又译托勒玫或多禄某，相传他生于埃及的一个希腊化城市赫勒热斯蒂克。古希腊天文学家、地理学家和光学家。

托勒密总结了希腊古天文学的成就，写成《天文学大成》13 卷。其中确定了一年的持续时间，编制了星表，说明旋进、折射引起的修正，给出日月食的计算方法等。他利用希腊天文学家们特别是喜帕恰斯（Hipparchus，又译伊巴谷）的大量观测与研究成果，把各种用偏心圆或小轮体系解释天体运动的地心学说给以系统化的论证，后世遂把这种地心体系冠以他的名字，称为托勒密地心体系。

巨著《天文学大成》13 卷是当时天文学的百科全书，直到开普勒的时代，都是天文学家的必读书籍。《地理学指南》8 卷，是他所绘的世界地图的说明书，其中也讨论到天文学原则。他还著有《光学》5 卷，其中第一卷讲述眼与光的关系，第二卷说明可见条件、双眼效应，第三卷讲平面镜与曲面镜的反射及太阳中午与早晚的视径大小问题，第五卷试图找出折射定律，并描述了他的实验，讨论了大气折射现象。此外，尚有年代学和占星学方面的著作等。

⊙，⌒ 圆号，弧号

人类居住的地球是圆的，给地球光和热的太阳是圆的。自然界里充满了圆。

当人们撇开了各种具体的圆形物体时，就萌发了圆的概念。

我国春秋战国时代的《墨经》一书中说："圜，一中同长也。"古代的"圜"字就是圆的意思。这句话的含义是：圆有唯一的中心，这个中心到圆上各点都是一样远。这就是圆的一般定义。

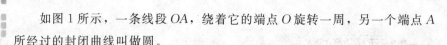

如图 1 所示，一条线段 OA，绕着它的端点 O 旋转一周，另一个端点 A 所经过的封闭曲线叫做圆。

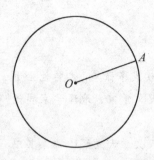

图 1

"圆"用"$\odot$"表示，这个符号形象地反映了圆的特点。如果以图 1 为例，以 O 为圆心的圆，记作："$\odot O$"。

我国古代劳动人民不仅有了圆的概念，还创造了两足规画圆的工具。《墨经》中又说："轮匠执其规矩，以度天下之方圆。"这里所提到的"规"，就是指画圆的工具。

1000 多年前，我国隋代建造了赵州石拱桥，它的桥拱是圆弧形的，拱高为 7.2 米，跨度为 37.4 米。这里提到的"圆弧"是圆上任意两点间的部分。

"圆弧"用"$\frown$"表示，读作"弧"。

如图 2 所示：以 A、B 为端点的弧，把圆周分成两部分，如果一条弧比半圆大叫做优弧，这时需用 3 个大写字母表示，记作：$\overset{\frown}{ACB}$。

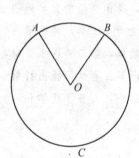

图 2

小于半圆的弧叫做劣弧，可用两个大写字母表示，记作：$\overset{\frown}{AB}$，其中 A、B 为弧的端点。

符号"$\odot$""$\frown$"形象地反映了圆和弧的特点，是几何中常见的象形符号。

在空间里，把半圆以它的直径为旋转轴，旋转所成的曲面叫做球面。球面所围成的几何体叫做球体，简称为球。

如果是圆形图形中，以 O 为球心，用符号表示一个球，是先写一个"球"字，后面接着写上表示它的球心的字母就可以了，例如球 O。

在平面上，圆可以看作与定点（圆心）的距离等于定长（半径）的所有点的集合。在空间里，球面也可以看作与定点（球心）的距离等于定长（半径）的所有点的集合。因此，在球面上两点之间的最短距离，就是经过这两点的大圆在这两点间的一段劣弧的长度，这个弧长叫做两点间的球面距离。飞机、轮船都是尽可能以大圆弧为航线航行。

知识点

春秋战国时代

春秋战国时期（前770—前221）又称东周时期。西周时期，周天子保持着天下共主的威权。平王东迁以后，东周开始，周室开始衰微，只保有天下共主的名义，而无实际的控制能力。同时，一些被称为蛮夷戎狄的民族在中原文化的影响或民族融合的基础上很快赶了上来。中原各国也因社会经济条件不同，大国间争夺霸主的局面出现了，各国的兼并与争霸促成了各个地区的统一。因此，东周时期的社会大动荡，为全国性的统一准备了条件。

延伸阅读

古代的圆

圆形，是一个看来简单，实际上是很奇妙的形状。古代人最早是从太阳，从阴历十五的月亮得到圆的概念的。1.8万年前的山顶洞人曾经在兽牙、砾石和石珠上钻孔，那些孔有的就很圆。以后到了陶器时代，许多陶器都是圆的。圆的陶器是将泥土放在一个转盘上制成的。当人们开始纺线，又制出了圆形的石纺锤或陶纺锤。

古代人还发现搬运圆的木头时滚着走比较省劲。后来他们在搬运重物的时候，就把几段圆木垫在大树、大石头下面滚着走，这样当然比扛着走省劲得多。大约在6000年前，美索不达米亚人，做出了世界上第一个轮子——圆的木盘。大约在4000多年前，人们将圆的木盘固定在木架下，这就成了最初的车子。会做圆，但不一定就懂得圆的性质。古代埃及人就认为：圆是神赐给人的神圣图形。一直到2000多年前我国的墨子（约前468—前376）才给圆下了一个定义："一中同长也"。意思是说：圆有一个圆心，圆心到圆周的长都相等。这个定义比希腊数学家欧几里得（约前330—前

275）给圆下定义要早100年。圆周率任意一个圆的周长与它直径的比值是一个固定的数，我们把它叫做圆周率，用字母 π 表示。它是一个无限不循环小数，$\pi = 3.1415926535\cdots\cdots$ 但在实际运用中一般只取它的近似值，即 $\pi \approx 3.14$。如果用 C 表示圆的周长：$C = \pi d$ 或 $C = 2\pi r$。《周髀算经》上说"周三径一"，把圆周率看成3，但是这只是一个近似值。美索不达米亚人在做第一个轮子的时候，也只知道圆周率是3。魏晋时期的刘徽于公元263年给《九章算术》做注。他发现"周三径一"只是圆内接正六边形周长和直径的比值。他创立了割圆术，认为圆内接正多边形边数无限增加时，周长就越逼近圆周长。他算到圆内接正3072边形的圆周率，$\pi = 3927/1250$。刘徽已经把极限的概念运用于解决实际的数学问题之中，这在世界数学史上也是一项重大的成就。祖冲之（429—500）在前人的计算基础上继续推算，求出圆周率在3.1415926与3.1415927之间，是世界上最早的七位小数精确值，他还用两个分数值来表示圆周率：22/7 称为约率，355/113 称为密率。在欧洲，直到1000年后的16世纪，德国人鄂图（1573）和安托尼兹才得到这个数值。现在有了电子计算机，圆周率已经算到了小数点后12400亿位了。

直角号，直角三角形号

你知道世界建筑史上的奇迹——金字塔吗？它和我国的万里长城一样，是世界上最著名的景观之一。

金字塔的塔基是一个很大的正方形，这么大的正方形是怎样画的呢？当然，在纸上画一个小正方形是很容易的，只要用绘图的三角板就行了。可是在地面上画一个边长是230多米的正方形，哪里有这么大的三角板呢？况且在公元前3000多年前，还没有绘图用的三角板呢！那时候所用的工具主要是绳子。我们知道正方形四条边的长度是相等的，但反过来，四条边的长度都相等的四边形不一定是正方形，正方形还必须四个角都是直角。

怎样才能确定出一个直角呢？

前面，我们已经介绍在远古时代，没有纸，也没有文字，人们做一件

金字塔

事就在绳子上打一个结。古埃及人在建造金字塔时，就是用这种打结的绳子进行测量的。所不同的是，它所打的结子要把测绳分成许多相等的小段，他们发现用这种绳子围成的三角形，当三边的段数分别是 3、4 和 5 时，最长边所对的角是直角。

平角的一半叫做直角。

"直角"用符号"Rt∠"表示，这就是直角号。如，"直角 ACB"，记作"Rt∠ACB"。有的书上也用符号"⌐"或"⌐"来表示直角。

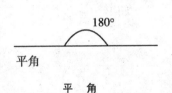

平角

平　角

一个角是直角的三角形叫做直角三角形。"直角三角形"用"Rt△"表示，例如，"直角三角形 ABC"记作"Rt△ABC"。

我国古代，把直角三角形的两条直角边叫做勾和股，斜边叫做弦。在数学古书《周髀算经》中，曾记载了周公和商高的一段问答，其中谈到"故折矩，以为勾广三，股修四，径隅五"。"勾广"就是勾长，"股修"就是股长，"径隅"就是弦长。这句话的意思是说，如果将一根直尺折成一个直角，若短直角边的长为 3，长直角边的长为 4，那么斜边的长一定为 5。在《周髀算经》中记载的荣方和陈子的问答中，谈到了由勾股求弦的一般方法"勾股各自乘，并而开方除之"。可见古代劳动人民已将勾股定理运用于生产实践之中。一般认为《周髀算经》成书于公元前 1 世纪，可见我国至少在 2100 年前就发现了勾股定理。

魏晋时的赵爽在《勾股圆方图》中说："案：弦图，又可以勾股相乘为朱实二，倍之，为朱实四，以勾、股之差自乘为中黄实，加差实，亦成弦实。"这就是说，ab 等于两个直角三角形的面积，$2ab$ 等于四个直角三角形的面积，$(b-a)^2$ 是中间正方形的面积。把这四个直角三角形和一个正方形拼在一起，就得到一个边长是 c 的正方形。也就是 $2ab+(b-a)^2=c^2$，化简以后，得到 $a^2+b^2=c^2$。在我国古代，这是一种多么新奇，多么美妙的数学思想方法啊！

在西方，一般认为勾股定理是毕达哥拉斯首先提出的，也是毕达哥拉斯首先证明的。但是，毕达哥拉斯的证明方法早已失传，而西欧有史记载的最早的勾股定理的证明方法，是古希腊的几何学家欧几里得所作出的。毕达哥拉斯是公元前 6 世纪人，欧几里得是公元前 4 世纪末至公元前 3 世纪人。从以上这些事实可以看出，商高等人早于毕达哥拉斯，而陈子至少是与毕达哥拉斯同时代的人。因此，我们把这个定理命名为勾股定理，以纪念我国古代数学家的功绩。

金 字 塔

在建筑学上，金字塔指角锥体建筑物。著名的有埃及金字塔，还有玛雅金字塔、阿兹特克金字塔（太阳金字塔、月亮金字塔）等。相关古文明的先民们把金字塔视为重要的纪念性建筑，如陵墓、祭祀地，甚至是寺庙。20 世纪 70 年代开始，由于建筑技术的演进，达到轻质化、可塑化、良好的空调与采光，有些建筑师会从几何学选取元素，现代金字塔式建筑在世界各地被建造出来。

 延伸阅读

欧几里得生平轶事

欧几里得是希腊亚历山大大学的数学教授。著名的古希腊学者阿基米德，是他"学生的学生"——卡农是阿基米德的老师，而欧几里得是卡农的老师。

欧几里得不仅是一位学识渊博的数学家，同时还是一位有"温和仁慈的蔼然长者"之称的教育家。在著书育人过程中，他始终没有忘记当年挂在"柏拉图学园"门口的那块警示牌，牢记着柏拉图学派自古承袭的严谨、求实的传统学风。他对待学生既和蔼又严格，自己却从来不宣扬有什么贡献。对于那些有志于穷尽数学奥秘的学生，他总是循循善诱地予以启发和教育，而对于那些急功近利、在学习上不肯刻苦钻研的人，则毫不客气地予以批评。在柏拉图学派晚期导师普罗克洛斯的《几何学发展概要》中，就记载着这样一则故事，说的是数学在欧几里得的推动下，逐渐成为人们生活中的一个时髦话题（这与当今社会截然相反），以至于当时亚历山大国王托勒密也想赶这一时髦，学点儿几何学。虽然这位国王见多识广，但欧氏几何却令他学得很吃力。于是，他问欧几里得"学习几何学有没有什么捷径可走？"，欧几里得笑道："抱歉，陛下！学习数学和学习一切科学一样，是没有什么捷径可走的。学习数学，人人都得独立思考，就像种庄稼一样，不耕耘是不会有收获的。在这一方面，国王和普通老百姓是一样的。"从此，"在几何学里，没有专为国王铺设的大道。"这句话成为千古传诵的学习箴言。

"因为"与"所以"符号"∵"，"∴"

在几何推理中，经常出现论据"因为"和结论"所以"，数学家们为了简洁明了表达这一逻辑推理，创造了"因为"符号"∵"和"所以"符号"∴"。1659年，英国数学家雷恩（1632—1723）在《代数》著作中，用

"∵"和"∴"两种符号表示"因为"和"所以"。其中所以符号"∴"用的人多，1706年琼斯也采用"∴"表示"所以"。用"∵"表示"因为"则首次出现在1805年英国出版的一本《大众数学手册》中。又一说是英国的格思特列曼于1805年首先予以引用。1827年剑桥大学出版社的《几何原本》中，同时使用了"∵"（因为）和"∴"（所以）符号，这一直沿用至今。

我国数学家李善兰翻译西方数学书时，首先就原文不动地使用"∵"、"∴"。这是他译书中最先直接使用原文符号的例子。

李善兰

李善兰，原名李心兰，字竟芳，号秋纫，别号壬叔。生于1811年1月2日，浙江海宁人，是近代著名的数学家、天文学家、力学家和植物学家，创立了二次平方根的幂级数展开式，各种三角函数，反三角函数和对数函数的幂级数展开式，这是李善兰也是19世纪中国数学界最重大的成就。

逻辑推理

把不同排列顺序的意识进行相关性的推导就是逻辑推理。

逻辑推理就是，当人类听到别人陈述的事情时，大脑开始历经复杂的信号处理及过滤，并将信息元素（Information element）经过神经元（Wneuron）迅速地触发并收集相关信息，这个过程便是超感知能力。之后由经验累积学习到的语言基础进行语言的处理及判断，找出正确的事件逻辑。

圆周率符号 "π"

圆是自然界中最美的图形，高悬在夜空的圆月，海平面上冉冉升起的旭日，晶莹剔透的露珠，无一不深刻地给人以圆的美感享受。

数学中的圆，溯源到上古的时候，便引起了人类的探索，人们逐渐地掌握了它的基本特性。《墨经》中说它是"一中同长也"（"一中"即一个中心或中点。"一中同长"就是到一个心的点的距离都相等，是对圆的定义）。成语说："不以规矩，不成方圆。"

早在 2000 多年前，被誉为"数学之神"的古希腊数学、力学家阿基米德是第一个用科学方法度量圆周长的学者，他得出圆周长与直径之比（圆周率）为 3.14。

我国杰出数学家刘徽（3 世纪）在孩提时代就对圆月寄托了特殊的感情，他如痴如醉地寻求"圆"的奥妙，终于从古书《周髀算经》（约前 1 世纪）"圆出于方"与"周三径一"等受到启发，提出震惊古今的"割圆术"（即圆内接正多边形，当边数逐次倍增逼近圆的原理，证明了圆面积的方法），附带求出算出圆周率的近似值为 3.1416，被后人誉为"徽率"。

南北朝伟大科学家祖冲之（429—500）认为"徽率还不够精密，有必要进一步去探求更佳值"。他不辞辛苦，摆弄古老的筹算，成百上千次的运算终于求出圆周率在 3.1415926 与 3.1415927 之间的 8 位可靠数字。这不但在当时是最精密的圆周率，而且保持世界纪录 900 多年之久！另一方面他又选用两个简单的分数，约率（22/7）和密率（355/113）。日本已故数学史家三上义夫（1875—1950）在《中国数学史》一书中建议把密率叫做"祖率"以示纪念。近似地表示圆周率，这是 π 数学史上不凡的贡献。

祖冲之

计算圆周率吸引了古今一大批数学家。1950 年舍普勒集中中外计算圆周率的方法和成果，编成《π 的年表》一书，列举了 120 条自远古到 1949 年有关计算 π 值的历史。

公元 1873 年，英国数学家尚克斯（1812—1882）曾利用 $\frac{\pi}{4}=12\arctan\frac{1}{38}+20\arctan\frac{1}{57}+7\arctan\frac{1}{239}+24\arctan\frac{1}{268}$ 等公式，将 π 算到小数点后 707 位。

这类可歌可泣长达三四千年接力棒式的求 π 值的"马拉松计算"，至今没完没了。1984 年日本数学家金田康正利用超级计算机花费 13 分钟，把 π 值的有效数字计算到 1 亿大关，后来他又再接再厉，先后计算出 π 的 2 亿位数值和 5 亿位数值，这是一项枯燥的工作，但他为了登上最高纪录殿堂，食不饱腹，夜不归家。可惜，知识是一匹无私的骏马，谁能驾驭它，它就属于谁。1989 年，美国哥伦比亚大学的格里高里与戴维·查德诺夫斯基兄弟俩利用最先进的计算公式和程序设计，将 π 值计算到 10.1 亿位。1995 年 10 月，日本金田康正计算 π 值到小数点后 64.4 亿位，成为当时的最新纪录。

从以上不全的简史可以看出，16 世纪以前，圆周率并无固定的名称和符号。有的是以创造者命名的，如徽率、祖率、卢多尔夫数等。17 世纪以后，圆周率的符号出现了。

公元 1647 年，英国数学家奥特雷德（1574—1660）在《数学指南》一书中，首次创用符号"$\frac{\pi}{\delta}$"表示圆周长与直径之比的近似值 $\frac{22}{7}$ 或 $\frac{355}{113}$。为什么要用这种符号，他有理由地解释说：π 是希腊文"圆周"的第一个字母，δ 是"直径"的第一个字母，当直径 $\delta=1$ 时 $\frac{\pi}{\delta}=\pi$。他创用圆周率之理由，仍是欧洲古代文字缩写的家传法宝。形象地将圆周率的定义用两个字母表达出来，虽可但繁，但我们仍可称他为创用圆周率的先驱。

有趣的是，英国另一位数学家沃利斯在 1656 年出版的《无穷算术》一书中，也开始用符号表示圆周率，他用一个小方块□表示 $\frac{4}{3.14149}$。也许当时找不到合适符号，就像中国古代字缺时用此记号表示缺的意思吧，当然，这是现代人的一种猜测。

公元 1689 年，德国数学家斯图姆（1635—1703）在他的著作中，曾用

e 表示圆周率，但没有人响应。

1706 年，英国数学家琼斯（1675—1749）在《新数学引论》第 243—263 页中，首次使用符号"π"表示圆周率。但由于琼斯的名气太小，甚至有人指责他的标新立异是"混淆概念"（因 π 是圆周头一个字母而不是圆周率一词的字头），"于是，这个简单明了的精贵记号，在无声无息与指责声中迟迟得不到推广应用"。

30 年后的 1736 年，瑞士数学权威欧拉提倡用 π 表示圆周率，因权威效应，圆周率符号"π"从此便开始风行全世界，成为国际通用符号了。

几十年后，美国哈佛大学有一位教授本杰明·皮尔斯（1809—1880）别出心裁，妄图推翻风靡世界的记号 π，而另外提出用符号"①"表示圆周率，不知他的动机与理由是什么，但这个记号得到的是鄙夷不屑的眼光和无声的冷漠，因为人们已经习惯用 π，再说符号"①"与数码混淆，没有一个人支持而此符号也销声匿迹了。

在我国，对圆周率的命名与符号也较紊乱，古算书上有的叫圜率（圜与圆相通）；有的称为徽率、密率、约率、祖率等。

清朝李善兰（1811—1882）在 1859 年合译《代微积拾级》里用"周"字代表 π，而不直接引用这个简明符号 π；由美国长老会传教士狄考文（1836—1908）与我国清代邹立文（19 世纪）共同编译的数学教科书《形学备旨》（1885），《代数备旨》（1890）则记用号"Ⅱ"表示 π，为何用它，不得而知。

直到 20 世纪初，我国数学书由直排改为横排，才较统一地用 π 表示圆周率，如《初级混合算学》（1932）说"圆周与直径之比，平常表示以 π"。

圆周率这个数是无穷的，但它究竟是一个什么数？16 世纪以前，人们绞尽脑汁，越算越没个完，直到 16 世纪中叶韦达用数学方法证明了 π 是一个无理数，后来的 1761 年，法国数学家达朗贝尔（1717—1783），兰伯特在 1767 年（又说 1761 年）从另外角度也证明 π 是无理数。

1882 年，德国数学家林德曼（1852—1939）不仅证明了 π 是一个无理数，而且还是一个超越数。于是，几千年来对 π 的认识历史至此画上一个句号。

有趣的 数学 符号

墨　经

《墨经》是《墨子》书中的重要部分，约完成于周安王14年癸巳（前388年）。

《墨子》是我国战国时期墨家著作的总集，是墨翟（人称墨子）和他的弟子们写的。墨翟是鲁国人（约前468—376），他是一个制造机械的手工业者，精通木工。墨子一派人中多数是直接参加劳动的，接近自然，热心于对自然科学的研究，又有比较正确的认识论和方法论的思想，他们把自己的科学知识、言论、主张、活动等集中起来，汇编成《墨子》。

《墨经》有《经上》、《经下》、《经上说》、《经下说》4篇（一说还包括《大取》《小取》共6篇）。《经说》是对《经》的解释或补充。也有人认为《经》是墨家创始人墨翟主持编写成自著，《经说》则是其弟子们所著录。《墨经》的内容，逻辑学方面所占的比例最大，自然科学次之，其中几何学的10余条，专论物理方面的约20余条，主要包括力学和几何光学方面的内容。此外，还有伦理、心理、政法、经济、建筑等方面的条文。

《墨经》中有8条论述了几何光学知识，它阐述了影、小孔成像、平面镜、凹面镜、凸面镜成像，还说明了焦距和物体成像的关系，这些比古希腊欧几里得（约前330—275）的光学记载早100余年。在力学方面的论说也是古代力学的代表作。对力的定义、杠杆、滑轮、轮轴、斜面及物体沉浮、平衡和重心都有论述。而且这些论述大都来自实践。

......▶▶ 延伸阅读

祖冲之的数学成就

祖冲之写的《缀术》一书，被收入著名的《算经十书》中，作为唐代国子监算学课本，可惜后来失传了。《隋书·律历志》留下一小段关于圆周率（π）的记载，祖冲之算出 π 的真值在 3.1415926 和 3.1415927 之间，相当于精确到小数第 7 位，简化成 3.1415926，成为当时世界上最先进的成就。祖冲之入选世界纪录协会是世界第一位将圆周率值计算到小数第 7 位的科学家，创造了中国纪协世界之最。这一纪录直到 15 世纪才由阿拉伯数学家卡西打破。

祖冲之还给出 π 的两个分数形式：22/7（约率）和 355/113（密率），其中密率精确到小数第 7 位，在西方直到 16 世纪才由荷兰数学家奥托重新发现。祖冲之还和儿子祖暅一起圆满地利用"牟合方盖"解决了球体积的计算问题，得到正确的球体积公式。

▊▊▊ 推出号，等价号

初学几何的人，大都对证明题感到头疼。传统的"三段论"格式，使书写过程繁琐，证明的思路不畅。

那么，有没有更好的论证格式呢？

有，这就是推出号"⇒"的运用。

"⇒"是逻辑学的一个符号，表示根据左边的条件，推出右边的结论。它与"由 A 推出 B""如果有 A，那么有 B"意义是相同的。数学里借用符号"⇒"表达因果关系时，条理清楚，层次分明，有利于表达定理的题设和结论。但是，应用"⇒"时，要注意以下几点：

首先，由一个条件推出几个结论时，要写成直列，并在左边用大括号括起来。例如：

$$\square ABCD \Rightarrow \begin{cases} AB = CD, \\ AB \mathbin{/\!/} CD. \end{cases}$$ 不要写成：$\square ABCD \Rightarrow AB = CD$，$AB \mathbin{/\!/} CD$。

其次，由几个条件推出某一个结论时，要把题设中的全部条件，逐个分成几行写成直列，并在右边用大括号括起来。例如：

$$\left. \begin{array}{l} AB = CD \\ \angle 1 = \angle 2 \\ \angle 3 = \angle 4 \end{array} \right\} \Rightarrow \triangle AOB \cong \triangle COD.$$

最后，有些问题的证明过程较长，论证中需要转行时，要把"⇒"放在结论的前面。例如：

$$\square ABCD \Rightarrow \begin{cases} AB=CD, \\ AB /\!/ CD \Rightarrow \begin{cases} \angle 1=\angle 2 \\ \angle 3=\angle 4 \end{cases} \end{cases}$$

$$\Rightarrow \triangle AOB \cong \triangle COD \Rightarrow \begin{cases} AO=CO, \\ BO=DO_{\circ} \end{cases}$$

如果 $A \Rightarrow B$，同时又有 $B \Rightarrow A$，可以用符号"⇔"表示，读作"等价于"。

例如，$a>b \Leftrightarrow b<a$。

符号"⇒"和"⇔"，把传统的三段论推理格式中的∵，∴省去，使证明过程的整体感加强了，更容易理清证明的思路。

因果关系

原因和结果是揭示客观世界中普遍联系着的事物具有先后相继、彼此制约的一对范畴。原因是指引起一定现象的现象，结果是指由于原因的作用而引起的现象。

延伸阅读

对称逻辑学

传统形式逻辑蕴涵了线性思维方式。把"形式"逻辑思维方式看成唯一的思维方式，把"形式"逻辑运用范围扩大到所有对象，特别是需要复杂性思维的经济领域，就会出现悖论。对称逻辑的产生，既是人类思维、理论与实践发展的必然结果，也是"悖论""逼"出来的产物。"悖论"，是对称逻辑产生的催化剂。对称逻辑的产生是逻辑发展的自然历史过程。对

有趣的数学符号

称逻辑是以对称规律为基本的思维规律，是天与人、思维与存在、思维内容与思维形式、思维主体与思维客体、思维层次与思维对象、科学本质与客观本质对称的逻辑。对称逻辑就是对称的思维方式，对称的思维方式就是和谐的思维方式，和谐的思维方式是与和谐社会对称的思维方式。对称逻辑是辩证逻辑发展的高级阶段，也是逻辑发展的最高阶段。对称逻辑使形式逻辑本身所蕴涵的思维内容与思维形式的统一得以展示。对称逻辑提供了足以研究复杂系统论的思维方式，为第一个中国人自己创立的经济学范式——对称经济学提供了科学的思维方式。对称逻辑学就是对称逻辑的概念、范畴与范畴体系，由我国著名学者陈世清先生创立。从形式逻辑学到对称逻辑学是逻辑学发展的自然历史过程。

向量符号

1806 年，瑞士人阿尔冈以 $\overline{AB}$ 表示一个有向线段或向量。麦比乌斯（1827）则以 AB 表示一起点为 A 而终点为 B 的向量，这个用法为相当广泛的数学家所接受。实际上，现在亦偶然用这表示方法。与他同时代的哈密顿、吉布斯等人则以一小写希腊字母表示向量，现今还有这个用法。1896 年，沃依洛特－加龙省区分了极向量及轴向量；1912 年，兰格文以 $\vec{a}$ 表示极向量，其后于字母上加箭头以表示向量的方法逐渐流行，尤其在手写稿中。一些作者为了方便印刷，以粗黑体小写字母 a，b 等表示向量。这两种符号一直沿用至今。

1853 年，柯西把向径记作 $\vec{r}$，而它于坐标轴上的分量则分别记作 $\vec{x}$、$\vec{y}$ 及 $\vec{z}$，且记 $\vec{r}=\vec{x}+\vec{y}+\vec{z}$。但早于 1797 年，韦塞尔已把向量以 $x+\eta y+ez$ 形式表达，其中 $\eta^2=-1$，$e^2=-1$。1878 年，格拉斯曼给前二者之工作，以 $p=v_1e_1+v_2e_2+v_e e_3$ 表示一具有坐标 x、y 及 z 的点，其中 e_1、e_2 及 e_3 分别为三个坐标轴方向的单位长度。此外，哈密顿则把向量记作 $\rho=ix+jy+kz$，其中 i，j，k 为两两垂直的单位向量，因而有 $i.j=-j.i=k$，$j.k=-k.j=i$，$k.i=-i.k=j$。这记法后来与上述向量之记法相结合：印刷时把 i、j、k 印成小写粗黑体字母，手写时于字母上加箭头，并把系数（坐标）写于前面，即 $\rho=xi+yj+zk$ 或 $\vec{\rho}=x\vec{i}+y\vec{j}+z\vec{k}$，这就是现今之用法。

有趣的数学符号

知识点

> ### 向　量
>
> 　　数学中，既有大小又有方向且遵循平行四边形法则的量叫做向量，例如位移。（与矢量相同，有起点终点。）
>
> 　　数学中，把只有大小但没有方向的量叫做数量，物理中常称为标量。例如距离。
>
> 　　在编程语言中，也存在向量。

延伸阅读

柯　西

　　柯西（1789—1857），出生于巴黎，他的父亲路易·弗朗索瓦·柯西是法国波旁王朝的官员，在法国动荡的政治漩涡中一直担任公职。由于家庭的原因，柯西本人属于拥护波旁王朝的正统派，是一位虔诚的天主教徒。并且在数学领域，有很高的建树和造诣。很多数学的定理和公式也都以他的名字来称呼，如柯西不等式、柯西积分公式……

矢量积符号

　　爱尔兰数学家哈密顿认为两个向量只有一个积 pp'，它既是个四元数，又是两部分之和，以四元数 $S_{pp'}$ 及 $V_{pp'}$ 分别表示数量部分和向量部分。而格拉斯曼则把向量的积分为"内积"或数量积（相当于哈密顿的 $S_{pp'}$）及"外积"或向量积（相当于哈密顿的 $V_{pp'}$）。到了 1846 年，他把数量积写作 axb，于 1862 年又改为 $[u \mid v]$，同时亦把矢量积写作 $[uv]$。

　　索莫夫（1907）是最先以 uv 表示矢量积的人。吉布斯把数量积称做

"点积"，并写作 $u.v$；他还以 $u \times v$ 表示矢量积，这用法流行至今，只需把向量改为现代记号：u 或 $\bar{u}$ 即可。而洛兰兹则把数量积及向量积分别写作 $(u.v)$ 和 $[u.v]$。此外，特纳等人于 1903 年把内积写作 $(u、v)$，现在亦常用，而对应的矢量积则写作 $[u, v]$。

哈 密 顿

哈密顿，1805 年 8 月 4 日生于爱尔兰都柏林，1865 年 9 月 2 日卒于都柏林。力学家、数学家、光学家。哈密顿的父亲阿其巴德（Archibald Rowan Hamilton）为都柏林市的一个初级律师。哈密顿自幼聪明，被称为神童，他 3 岁能读英语，会算术；5 岁能译拉丁语、希腊语和希伯来语，并能背诵荷马史诗；9 岁便熟悉了波斯语，阿拉伯语和印地语。14 岁时，因在都柏林欢迎波斯大使宴会上用波斯语与大使交谈而出尽风头。

四元数的历史

四元数是由哈密顿于 1843 年在爱尔兰发现的。当时他正研究扩展复数到更高的维次（复数可视为平面上的点）。他不能做到三维空间的例子，但四维则造出四元数。根据哈密顿记述，他于 10 月 16 日跟他的妻子在都柏林的皇家运河上散步时突然想到的方程解。之后哈密顿立刻将此方程刻在附近布鲁穆桥。这条方程放弃了交换律，是当时一个极端的想法（那时还未发展出向量和矩阵）。

不只如此，哈密顿还创造了向量的内外积。他亦把四元数描绘成一个有序的四重实数：一个纯量和向量的组合。若两个纯量部为零的四元数相乘，所得的纯量部便是原来的两个向量部的纯量积的负值，而向量部则为向量积的值，但它们的重要性仍有待发掘。

■■ $P(x, y)$ 点的坐标号

关于坐标的思想，在人类认识史上起源是很早的。我国早就有由两个数据表示星星位置的方法。古希腊数学家、地理学家托勒密研究地理时所用到的经纬度，都具有坐标的原始概念。14 世纪中叶，法国人奥雷姆为了用图像来显示温度的变化，就提出了坐标轴的概念。此后，德国数学家维叶特为了确定直线上点的位置，设想了横坐标。文艺复兴后，随着航海事业的发展，需要确定轮船在大海中的位置，更推动了坐标概念的产生。

图 1

在日常生活中，有许多"点"和"数"互相联系的例子。如图 1 是高一（5）班的座次表。由前向后依次是 1 行到 8 行；由左向右依次是 1 列到 6 列。

这样，每一个同学的位置，可以由两个数来确定。比如说同学 A 在第二行，第三列，他可以由 2 和 3 这两个数完全确定。

人们按照这种一一对应的想法，建立了数学上常用的平面直角坐标系。在平面上画两条互相垂直的直线，交点 O 叫做原点。在每条直线上都指定一个正方向，并规定一个长度单位，作为这两条有向直线的共同单位。一条直线如具备了原点、方向、单位，就成了一条数轴。两条互相垂直的数轴组成一个整体，叫做平面直角坐标系。在图 2 中，从平面上任意一点 P 向 x 轴做垂线，它在 x 轴上对应的数 x 叫做点 P 的横坐标；从 P 点向 y 轴做垂线，它在 y 轴上对应的数 y 叫做点 P 的纵坐标。人们把点 P 对应

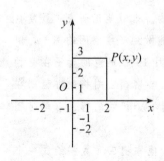

图 2

的有序实数对（x，y）叫做点 P 的坐标，用符号"P（x，y）"表示，这就是点的坐标号。在 P（x，y）中，括号里写在前面的一个数表示它的横坐标，写在后面的一个数表示它的纵坐标，中间用逗号分开。建立了平面直角坐标系后，使平面上的任意一个点和一对有序实数建立了一一对应的关系。

运用坐标的思想，把代数方法用到几何上的代表人物，要算是法国数学家笛卡儿了。他曾这样设想：只要几何图形看成是动点运动的轨迹，就可以把几何图形看成是由具有某种共同特性的点组成的。例如，我们把圆看成是一个动点对定点 O 做等距离运动的轨迹，也就是可以把图形看做是由无数个到定点 O 距离相等的点组成的。

笛卡儿的基本思想是：在平面上建立点的坐标，而一条曲线就可以由含有两个变数的代数方程来表示。这样他就把一个几何问题通过坐标系归结为代数方程式。用代数方法研究这个方程式的性质后，再翻译成几何语言，就得出了几何问题的解法。笛卡儿用这种方法研究了具有两个变

在平面直角坐标系中描出下列各点，
$A(5,2)$、$B(0,5)$、$C(2,-3)$、$D(-2,-3)$

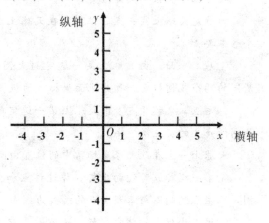

平面直角坐标系

数的二次方程，指出这种方程一般地表示椭圆、双曲线或者抛物线。1637年，笛卡儿将他 20 年来的研究成果在《几何》一书中发表了，引入了平面笛卡儿坐标系，建立了一对实数 x，y 与平面上一点的对应关系。当然，笛卡儿在《几何》中建立的坐标系不是现在的平面直角坐标系，而是一种原始形态的斜坐标系。但是这丝毫无损于他创建解析几何的功绩。因为用运动的观点，系统地引入坐标方法以扩大几何世界，并在这个世界中给各类问题以完整解答，这个功劳无疑是笛卡儿的。

这里应当指出的是，像"横坐标""纵坐标"的名称笛卡儿也没有使用过。"纵坐标"一词是德国科学家莱布尼茨在 1694 年提出的。到了 18 世纪，才由数学家沃尔夫等人正式使用"横坐标"一词。

平面直角坐标系，好像在被一条大河隔开的代数和几何的两岸，架起了一座桥梁，产生了解析几何学。解析几何方法建立后，立即发挥了巨大的作用，使变量进入了数学，引起了数学的深刻革命。

知识点

坐　标

确定位置关系的数据值集合。

为确定天球上某一点的位置，在天球上建立的球面坐标系。有两个基本要素：

①基本平面。由天球上某一选定的大圆所确定。大圆称为基圈，基圈的两个几何极之一作为球面坐标系的极。

②主点，又称原点。由天球上某一选定的过坐标系极点的大圆与基圈所产生的交点所确定。

天球上一点在此天球坐标系中的位置由两个球面坐标标定：

①第一坐标或称经向坐标。作过该点和坐标系极点的大圆，称副圈，从主点到副圈与基圈交点的弧长为经向坐标。

②第二坐标或称纬向坐标。从基圈上起沿副圈到该点的大圆弧长为纬向坐标。天球上任何一点的位置都可以由这两个坐标唯一地确定。这样的球面坐标系是正交坐标系。对于不同的基圈和主点，以及经向坐标所采用的不同量度方式，可以引出不同的天球坐标系，常用的有地平坐标系、赤道坐标系、黄道坐标系和银道坐标系。

延伸阅读

直角坐标系创立传说

有一天，笛卡儿（法国哲学家、数学家、物理学家）生病卧床，但他头脑一直没有休息，在反复思考一个问题：几何图形是直观的，而代数方程则比较抽象，能不能用几何图形来表示方程呢？这里，关键是如何把组成几何的图形的点和满足方程的每一组"数"挂上钩。他就拼命琢磨，通过什么样的办法、才能把"点"和"数"联系起来。突然，他看见屋顶角上的一只蜘蛛，拉着丝垂了下来，一会儿，蜘蛛又顺着丝爬上去，在上边左右拉丝。蜘蛛的"表演"，使笛卡儿思路豁然开朗。他想，可以把蜘蛛看做一个点，它在屋子里可以上、下、左、右运动，能不能把蜘蛛的每个位置用一组数确定下来呢？他又想，屋子里相邻的两面墙与地面交出了三条直线，如果把地面上的墙角作为起点，把交出来的三条线作为三根数轴，那么空间中任意一点的位置，不是都可以用这三根数轴上找到的有顺序的三个数来表示吗？反过来，任意给一组三个有顺序的数，例如3、2、1，也可以用空间中的一个点 P 来表示它们。同样，用一组数 (a, b) 可以表示平面上的一个点，平面上的一个点也可以用一组两个有顺序的数来表示。于是在蜘蛛的启示下，笛卡儿创建了直角坐标系。

三角函数符号

意大利数学家毛罗利科早于 1558 年已采用三角函数符号，但当时并无函数概念，于是只称做三角线。他以 sinus 1^m arcus 表示正弦，以 sinus 2^m arcus 表示余弦。

而首个真正使用简化符号表示三角线的人是 T·芬克。他于 1583 年，创立以"tangent"（正切）及"secant"（正割）表示相应之概念，其后他分别以符号"sin."，"tan."，"sec."，"sin. com"，"tan. com"，"sec. com"表示正弦，正切，正割，余弦，余切，余割，首三个符号与现代之符号相同。

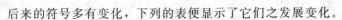

后来的符号多有变化，下列的表便显示了它们之发展变化。

使用者	年代	正弦	余弦	正切	余切	正割	余割	备注
罗格蒙格努斯	1622	S. R.		T. (Tang)	T. cōpl	Sec	Sec. Compl	
吉拉尔	1626			tan			sec.	
杰克	1696	s.	cos.	t.	Cot.	sec.	cosec.	
欧拉	1753	sin.	cos.	tag（tg）	Cot.	sec.	cosec	
谢格内	1767	sin.	cos.	tan.	Cot.			I
巴洛	1814	sin	cos.	tan.	Cot.		cosec	I
施泰纳	1827			tg				II
皮尔斯	1861	sin	cos.	tan.	cotall	sec	cosec	
奥莱沃尔	1881	sin	cos	tan	Cot	sec	csc	I
申弗利斯	1886			tg	Ctg			II
万特沃斯	1897	sin	cos	tan	Cot	sec	csc	I
舍费尔斯	1921	sin	cos	tg	Ctg	sec	csc	II

注：I—现代（欧洲）大陆派三角函数符号。

II—现代英美派三角函数符号

我国现正采用II类三角函数符号。

1729 年，丹尼尔·伯努利是先以符号表示反三角函数，如以 AS 表示反正弦。1736 年欧拉以 At 表示反正切，一年后又以 $A\sin\frac{b}{c}$ 表示于单位圆上正弦值相等于 $\frac{b}{c}$ 的弧。

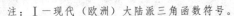

1772 年，C·申费尔以 arc. tang. 表示反正切；同年，拉格朗日采以 arc, $\sin\frac{1}{1+\alpha}$ 表示反正弦函数。1776 年，兰伯特则以 arc. sin 表示同样意思。1794 年，鲍利以 Arc. sin 表示反正弦函数。其后这些记法逐渐得到普及，去掉符号中之小点，便成现今通用之符号，如 arc sin x，arc cos x 等。于三角函数前加 arc 表示反三角函数，而有时则改以于三角函数前加大写字母开头 Arc，以表示反三角函数之主值。

另一较常用之反三角函数符号如 $\sin^{-1}x$，$\tan^{-1}x$ 等，是赫谢尔于 1813

年开始采用的，把反三角函数符号与反函数符号统一起来，至今亦有应用。

三角学起源于天文、测量等实际需要，与古希腊几何有着不可分割的联系。"三角学"一词最早来自拉丁文"trigonometria"。首先使用这个英文词"trigonometry"（三角学）的是一位偏爱数学的德国牧师皮蒂斯楚斯（1561—1613），他在 1595 年出版的《三角学：解三角形的简明处理》一书中使用，5 年后的 1600 年再版时此书改名为《三角学，或三角形的测量 5 卷》重版多次。这是第一部以"三角学"为标题的著作。

由于三角学起源于天文、测量等实际需要，因此，埃及、巴比伦、中国的古代三角学知识都有所发现。但一般认为三角学的萌芽创始人是希腊的喜帕恰斯，旧译为依巴谷（约前 180—前 125），托勒密（约 100—170）和梅内劳斯（100 年前后）。早期三角学原依属天文学，11－18 世纪三角学才脱离天文学而独立自成一个数学分支。它的发展经历了三个历史时期。

18 世纪以后，三角学已成为以研究三角函数（当时没有函数概念，叫做三角线）为对象的一个分析学的分支。

尽管三角知识起源于远古，但是，用线段的比来定义三角函数是瑞士的欧拉在他著名的《无穷分析引论》一书中首次给出的。在欧拉以前，研究三角函数大都在一个确定半径的圆内进行，如古希腊的托勒密定半径为 60；印度数学家阿耶波多（第一）（约 476—550）定半径为 3438；德国数学家雷格蒙塔努斯（1436—1476）为了精密地计算三角函数值，曾定半径为 600 000，后来为制定更精密的正弦表又定半径为 10^7。因此，当时的三角函数实际上是定圆（三角圆）内的一些线段（如弦）的长。

意大利数学家利提克斯（1514—1576）改革前人的做法，即一般称 AB 为正弦，把正弦与三角圆牢牢地联结在一起（如图 1），利提克斯却把 AB 称 $\angle AOB$ 的正弦；从而使正弦值直接与角挂钩，而使圆 O 成为从属地位了。

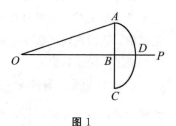

图 1

到欧拉时代，才令圆的半径为 l，即置角于单位圆之中，从而把三角函数定义为相应的线段与圆半径之比，即今中学数学课本里的三角函数的定义。

三角函数在历史上曾出现 10 个以上，下面用单位圆（半径为 1），并且

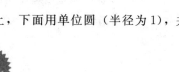

在第一象限内的线段来表示，如图2：（1）正弦：$\sin\alpha = MP$；（2）余弦：$\cos\alpha = OM$；（3）正切：$\tan\alpha = AT$；（4）余切：$\cot\alpha = BS$；（5）正割：$\sec\alpha = OT$；（6）余割：$\csc\alpha = OS$；（7）正矢：$\text{vers}\alpha = MA$；（8）余矢：$\text{covers}\alpha = NB$；（9）外割：$\text{exsec}\alpha = PT$；（10）半正矢：$\text{hav}\alpha = \frac{1}{2}\text{vers}\alpha$；（11）古德罗函数：$\text{gd}z$；（12）反古德罗函数：$\text{gd}^{-1}(z)$。

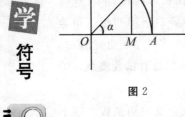

图 2

这些函数的历史长短不一，有的可追溯到公元前；有的短暂，不过几十年。在初中只研究前四种三角函数，高中又加上（5）（6）两种。

前 8 种函数在 1631 年由德国传教士邓玉函（1576—1630）、汤若望（1591—1666）和我国徐光启合编的《大测》书中全部齐备，分别叫做正弦（或弦），余弦，切线，余切线，割线，余割线，矢（或倒矢），余矢。后来"八线"一度成为三角学的别名。

18 世纪末期，数学家欧拉把三角函数看成是线段比的新观点，使三角学无论在理论上，还是应用方面都得到了较大的发展。

欧拉本人非常欣赏前人创用的三角函数符号，由于他的大力倡导，表示三角函数的符号终于得到了公认。

最后指出，我国也是三角学最早发明国家之一，如《周髀算经》（约前 1 世纪）与《九章算术》（前 1 世纪），已隐含着三角函数的概念。

公元 3 世纪我国著名数学家刘徽在计算圆内接正六边形的边长及 13 世纪数学家赵友在计算圆内接正方形的边长时，实际上已求得了某些特殊的正弦值。我国古代历法中，根据竿的不同影长来确定季节的方法，实际上已构成了一份余切值表。

公元 11 世纪大科学家沈括的"会圆术"等著作中，有他用文字表示三角函数的记载：正弦用 $\dfrac{\text{勾}}{\text{弦}}$，正切用 $\dfrac{\text{勾}}{\text{股}}$，正割用 $\dfrac{\text{弦}}{\text{股}}$。现在，我们用的三角函数名词：正弦、余弦、正切、余切、正割、余割这都是我国 16 世纪已有的名称。那时再加上正矢和余矢两个函数叫八线。这说明，我国在引进西方数学的同时，16 世纪便正确地使用沿用至今的三角函数名称了。

我国对三角函数符号的引用大约在 20 世纪初才与世界接轨。

有趣的数学符号

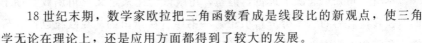

刘 徽

刘徽（约225—295），汉族，山东临淄人，魏晋期间伟大的数学家，中国古典数学理论的奠基者之一。是中国数学史上一个非常伟大的数学家，他的杰作《九章算术注》和《海岛算经》，是中国最宝贵的数学遗产。刘徽思想敏捷，方法灵活，既提倡推理又主张直观。他是中国最早明确主张用逻辑推理的方式来论证数学命题的人，刘徽的一生是为数学刻苦探求的一生，他虽然地位低下，但人格高尚。他不是沽名钓誉的庸人，而是学而不厌的伟人，他给我们中华民族留下了宝贵的财富。

独立三角学的产生

后期的阿拉伯数学家已经开始对三角学进行专门的整理和研究，他们的工作也可以算做是使三角学从天文学中独立出来的表现，但是严格地说，他们并没有创立起一门独立的三角学。真正把三角学作为数学的一个独立学科加以系统叙述的，是德国数学家雷基奥蒙坦纳斯。

雷基奥蒙坦纳斯是15世纪最有声望的德国数学家约翰·谬勒的笔名。他生于哥尼斯堡，年轻时就积极从事欧洲文艺复兴时期作品的收集和翻译工作，并热心出版古希腊和阿拉伯著作。因此，对阿拉伯数学家们在三角方面的工作比较了解。

1464年，他以雷基奥蒙坦纳斯的名字发表了《论各种三角形》。在书中，他把以往散见在各种书上的三角学知识，系统地综合了起来，成了三角学在数学上的一个分支。

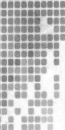

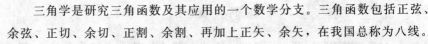

正弦的名称与符号

有趣的数学符号

三角学是研究三角函数及其应用的一个数学分支。三角函数包括正弦、余弦、正切、余切、正割、余割、再加上正矢、余矢，在我国总称为八线。

在建立了直角坐标系以后，人们利用坐标的观点，给出了三角函数的意义。

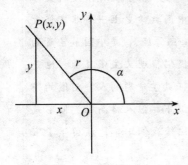

如图所示，在角 α 终边上任取一点 P $(x，y)$，它到原点的距离为 r，则 $r = \sqrt{x^2 + y^2}$。

角 α 的六个三角函数的定义如下：

$$\sin\alpha = \frac{y}{r}；\quad \cos\alpha = \frac{x}{r}；$$

$$\tan\alpha = \frac{y}{x}；\quad \cot\alpha = \frac{x}{y}；$$

$$\sec\alpha = \frac{r}{x}；\quad \csc\alpha = \frac{r}{y}。$$

正弦、余弦、正切、余切、正割、余割，它们都是以角为自变量，比值为函数值的函数，总称为三角函数。

正弦函数概念是世界上最古老而又重要的概念。最早萌芽于希腊的喜帕恰斯（约前180—前125）和托勒密（约100—170）的著作，希腊人称今"正弦"为"弦表（或全弦）"。后来，6世纪时印度数学家阿耶波多（第一）约称今"正弦"为"半弦"（区别于希腊人的全弦），并用"jiva"（也写成jya，djya，dschya，都是梵文的拉丁字母拼写，意为猎人弓弦的意思）表示"半弦"（或正弦）一词。后来印度书籍译成阿拉伯文，经多次转抄，误写成形状相似的jaib（或dschaib），意思变成了胸膛或海湾。

公元1150年左右，意大利翻译家杰拉德（约1114—1187）将jaib译为拉丁文"sintls"（意为弯曲，穴，窦）。这就是现在"sine"（正弦）一词的来源。后来英文里保留sintus意思不变，但将"正弦"改成"sine"。

我国在引入正弦函数时，将"sinus"译为"正半弦"或"前半弦"，简称"正弦"。这是我国"正弦"一词的由来。

"正弦"的符号，由于"sinus"一词没有很快被采用，后来的奥地利人利提克斯（1514—1574）约在1560年又另用"Perpendiculum"（垂直线），大家不予理睬，又过半个多世纪的1624年，英国数学家冈特（1581—1626）在手画的图上用"sin"表示正弦，但在他同一年出版的书中却没有使用这一缩写。

1558年意大利人毛罗利科斯（1494—1575）用"sin usl^m arCHS～9表示正弦，但因十分繁杂，没有人响应。

丹麦自学成才的数学家芬克（1561—1656）约在1583年稍后，创用了接近现在通用的正弦符号"sin."。只是符号中有一小点，显然是正弦"sinus"的缩写，冈特的正弦符号比他的好。

1632年，英国数学家奥特雷德（1574—1660）在《比例圆与水平仪器》中使用了"sin"一词表示正弦符号，同时又简写成"s"。几乎同时，法国的厄里岗在死后10年出版的《数学教程》（1634）中也引用正弦符号sin，但都没有引起人们注意。

在这以后的年代里，还出现了用各种符号表示的正弦，如s，si，S，Sn（1753，欧拉），σ，Sen，ε等，直到18世纪中叶之后，才逐渐统一用"sin"表示正弦，沿用至今。

函　数

　　函数（function）表示每个输入值对应唯一输出值的一种对应关系。函数 f 中对应输入值的输出值 x 的标准符号为 $f(x)$。包含某个函数所有的输入值的集合被称做这个函数的定义域，包含所有的输出值的集合被称做值域。若先定义映射的概念，可以简单定义函数为，定义在非空数集之间的映射称为函数。

有趣的数学符号

"正弦"的由来

公元 5 世纪到 12 世纪，印度数学家对三角学作出了较大的贡献。尽管当时三角学仍然还是天文学的一个计算工具，是一个附属品，但是三角学的内容却由于印度数学家的努力而大大地丰富了。

三角学中"正弦"和"余弦"的概念就是由印度数学家首先引进的，他们还造出了比托勒密更精确的正弦表。

我们已知道，托勒密和希帕克造出的弦表是圆的全弦表，它是把圆弧同弧所夹的弦对应起来的。印度数学家不同，他们把半弦（AC）与全弦所对弧的一半（AD）相对应，即将 AC 与 $\angle AOC$ 对应，这样，他们造出的就不再是"全弦表"，而是"正弦表"了。

印度人称连结弧（$\overset{\frown}{AB}$）的两端的弦（AB）为"吉瓦"，是弓弦的意思；称 AB 的一半（AC）为"阿尔哈吉瓦"。后来"吉瓦"这个词译成阿拉伯文时被误解为"弯曲"、"凹处"，阿拉伯语是"dschaib"。12 世纪，阿拉伯文被转译成拉丁文，这个字被意译成了"sinus"。

三角学输入我国，开始于明崇祯 4 年（1631），这一年，邓玉函、汤若望和徐光启合编《大测》，作为历书的一部分呈献给朝廷，这是我国第一部编译的三角学。在《大测》中，首先将 sinus 译为"正半弦"，简称"正弦"，这就成了正弦一词的由来。

正切、余切名称与符号

这两个函数是由日影的测量而引起的。古人利用日影立竿测定时刻，后来演变成测量时间的仪器，这仪器古代叫日晷或"日规"。

约公元前 600 年，古希腊数学家泰勒斯利用日影测量埃及金字塔的高。这些测量中萌芽了正切函数的思想。

世界上第一部正切函数表的作者是我国唐代和尚、数学家僧一行

日 晷

（683—727）他为了求得全国各地一年中各节气的日影长度，编制出了正弦函数表，不过当时还未产生正切函数的概念。

在此 100 年以后，阿拉伯数学家海拜什哈西卜在公元 850 年首先提出正切概念。

印度天文学家、数学家巴塔尼（约 858—929）有长达 41 年的天文观测经验，改进托勒密《天文学大成》，用三角学取代几何方法与天文计算。他引入正切和余切概念，并采用阿拉伯人树一竿于地上测其日影长的方法，把"余切"叫做"直阴影"。他又在墙上置一水平竿，竿在墙上的影子叫"反阴影"，后来反阴影就演变成"正切"，这就是正切、余切的早期名称。

约 920 年，他用半弦代替希腊人的全弦（弦表）制作了 30°～90°间隔 1°的正弦表和正切表，其中大量用代数方法推出三角函数之间的关系公式。

僧一行塑像

欧洲，到 14 世纪才引入正切、余切于三角计算之中。

正切、余切的现代符号出现得很晚。丹麦自学成才的数学家芬克（1561—1656），在 1583 年著的《圆的几何》一书中创用"tangent"一词代替"反阴影"（正切），1620 年，英国的冈特（1581—1626）创用"cotangent"代替"直阴影"（余切）。1583 年芬克曾用缩写符号"tan."（或 tang）表示正切，用 tan. corn（tan. comp）表示余切。正切符号"tan"于 1626 年也出现在荷兰数学家吉拉尔（1595—1632）的《三角学》一书中。1658 年，英国人牛顿用缩写号 ctg 表示余切，1674 年英国数学家穆尔（1617—1679）用缩写 cot. 表示余切。至今正切、余切的符号全世界还没有统一，现代的英美多用 tan 和 cot（或 cth），而欧洲大陆多用 tan 和 cot（或 cth）。

我国大陆在 1949 年以前，采用英美记号，1949 年以后改用欧洲大陆记号，近年来恢复用英美记号至今。

知识点

泰勒斯

泰勒斯（约前 624—前 546），又译为泰利斯，公元前 7 至前 6 世纪的古希腊时期的思想家、科学家、哲学家，希腊最早的哲学学派——米利都学派（也称爱奥尼亚学派）的创始人。"科学和哲学之祖"，泰勒斯是古希腊及西方第一个有记载有名字留下来的自然科学家和哲学家。泰勒斯的学生有阿那克西曼德、阿那克西美尼等。

余弦的名称与符号

公元 6 世纪，印度数学家阿耶波多考虑正弦、正矢之外，还考虑了余弦。余弦函数发展较慢，名称有多个，如约 1120 年意大利数学家普拉托称它为"剩余的弦";约 1463 年,德国数学家雷格蒙塔努斯(1436—1476)称为"余角的正弦"。约经一世纪,意大利人毛罗利科斯在 1558 年创用"Sinus 2ᵐ arcus"表示余弦。但真正使用简化的符号表示三角线的第一个人是丹麦的芬克,他用"sin. com"表示余弦,虽繁但仍比毛罗利科斯的简单一些。30 多年后的英国数学家冈特(1581—1626)记余弦为 Co. sinus。又过 30 多年后的 1658 年,英国人 J·牛顿(1622—1678)首次把余弦改为 Cosinus。从此"Cosintls"(余弦)的名称才确定下来。

余弦的符号,实质上是"余弦"的缩写,Cos 是谁首先使用的呢?是 1657 年英国数学家奥特雷德(1574—1660)在其著《三角形》一书中首先使用的。

1674 年,英国人穆尔(1617—1679)创用"COS"表示余弦。但当时没有被人采用。直到 1748 年经欧拉采用后才开始通行。

正割、余割名称与符号

正割、余割由阿拉伯数学家海拜什哈西卜首先提出。约在 120 年后的 980 年由生于今伊朗的阿布瓦法正式使用,不过没有给出特别名称。可惜这两种函数未引起人们的注意。

直到 1551 年德国数学家利提克斯(1514—1576)长期从事三角函数研究,并作出了贡献。他一改过去用弧与弦来讨论,而开始使用直角三角形斜边与对边的比来定义,并且给出了 6 种三角函数的定义。他和他的学生们以坚忍不拔的毅力进行了 12 年之久的勤奋工作,编制每隔 $10''$ 的三角函数表,可惜此表他生前未能完成。《三角学说准则》中完全收入正弦、余弦、正切、余切、正割、余割等 6 种函数并附正割表。正割术语"secan"的缩写符号"sec"先后由丹麦人芬克(1583 年以后)和荷兰数学家吉拉尔(1626)正式使用;而"余割"(cosencanc)的缩写至今没有统一,有 csc,cosec 等写法,说法很多,无法肯定,我国目前采用 csc。它们是谁首先创用的呢?有书说,余割"cosec"是 1696 年数学家杰克创立的。但更多的资料没有介绍,所以暂时无法确定这个符号"首先创用人"和"引用年份"。

有趣的数学符号

正　割

某直角三角形中，一个锐角的斜边与其邻边的比，叫做该锐角的正割，用 sec（角）表示。

（sec 的完整形式为 secant）

在 $y = \sec x$ 中，以 x 的任一使 $\sec x$ 有意义的值与它对应的 y 值作为 (x, y)，在直角坐标系中作出的图形叫正割函数的图像，也叫正割曲线。

反三角函数符号

关于反三角函数符号的由来，各资料众说纷纭。

有书说反三角函数符号最早是 1729 年丹尼尔（1700—1782）采用"As"表示反正弦开始的。瑞士伟大的数学家欧拉在 1736 年用"Ar"表示反正切，1776 年瑞士数学家兰伯特（1728—1777）则用"arc. sin"表示反正弦，后来被人承认后，去掉了中间的"·"便成"arcsin"。

又有资料说："$\arcsin x$，是法国数学家拉格朗日（1736—1813）于 1772 年引进的。"

又有书说：1813 年英国数学家赫谢尔（1792—1871）创立了 $\sin^{-1}$，$\tan^{-1}$ 等另一种形式的反三角函数符号，被英美派所采用。这种形式的优点是将三角函数与反三角函数统一了起来。

我国当前教科书上采用 $\arcsin$。但在课外书籍里也看到用 $\sin^{-1}$ 的形式。

总之，6 个三角函数符号 $\sin x$，$\cos x$，$\operatorname{tg} x$，$\operatorname{ctg} x$，$\sec x$，$\csc x$ 在创立之初，不为人用，后经伟大的数学权威欧拉在公元 1748 年引用后，才被广泛采用，成为世界数学符号王国的重要臣民。

探密代数符号的世界

代数是研究数字和文字的代数运算理论和方法，更确切地说，是研究实数和复数，以及以它们为系数的多项式的代数运算理论和方法的数学分支学科。

代数可以划分为初等代数和高等代数。

在古代，当算术里积累了大量的，关于各种数量问题的解法后，为了寻求有系统的、更普遍的方法，以解决各种数量关系的问题，就产生了以解方程的原理为中心问题的初等代数。

无论是研究初等代数，还是研究高等代数，都离不开代数符号的运用。简言之，代数符号是研究代数的工具。

"＋"号和"－"号

从小学起，我们就和"＋"、"－"这两个符号打交道了。但人们认识和运用这两个符号，却有一段漫长的历史。

公元前2000年的古巴比伦人遗留下来的泥版和公元前1700年古埃及人的阿摩斯纸草中，就有了加法和减法的记载。

在埃及尼罗河里，长着像芦苇似的水生植物，它的阔大的叶子像一张张结实的纸，后人称之为阿摩斯纸草。在这些纸草上，用一个人走近的形状"╱╲"表示加法，比如"1 ╱╲ 2"代表"1＋2"的意思；用一个人走开的形状"╲╱"表示减法，比如"2 ╲╱ 1"代表"2－1"的意思。

古希腊人的办法更高明一点，他们用两个数衔接在一起的形式代表加法。例如，用"$3\frac{1}{4}$"表示"$3+\frac{1}{4}$"；用两个数中间拉开一段距离的形式代表减法，例如，用"$3\ \frac{1}{4}$"表示"$3-\frac{1}{4}$"。

古希腊的丢番图以两数并列表示相加，亦以一斜线"／"及曲线"⌒"分别做加号和减号使用。古印度人一般不用加号，只有在公元 3 世纪的巴赫沙里残简中以"yu"做加及"＋"做减。

14 世纪至 16 世纪欧洲文艺复兴时期，欧洲人用过拉丁文 plus（相加）的第一个字母"P"代表加号，比如"3P5"代表"$3+5$"的意思；用拉丁文 minus（相减）的第一个字母"m"代表减号，比如"5m3"代表"$5-3$"的意思。

中世纪以后，欧洲商业逐渐发展起来。传说当时卖酒的人，用线条"－"记录酒桶里的酒卖了多少。在把新酒灌入大桶时，就将线条"－"勾销变成为"＋"号，灌回多少酒就勾销多少条。商人在装货的箱子上画一个"＋"号表示超重，画一个"－"号表示重量不足。久而久之，符号"＋"给人以相加的形象，"－"号给人以相减的形象。

当时德国有个数学家叫魏德曼，他非常勤奋好学，整天废寝忘食地搞计算，很想引入一种表示加减运算的符号。魏德曼巧妙地借用了当时商业中流行的"＋"和"－"号。1489 年，在他的著作《简算和速算》一书中写道：

在横线"－"上添加一条竖线来表示相加的意思，把符号"＋"叫做加号；从加号里拿掉一条竖线表示相减的意思，把符号"－"叫做减号。

法国数学家韦达对魏德曼采用的加号、减号的记法很感兴趣，在计算中经常使用这两个符号。所以在 1630 年以后，"＋"和"－"号在计算中已经是屡见不鲜了。

此外，英国首个使用这两个符号（1557）的是雷科德，而荷兰则于 1637 年引入这两个符号，同时亦传入其他欧洲大陆国家，后渐流行于全世界。

我国古代用算筹进行加减法运算，没有用"＋"和"－"号。当时要计算 $213+121=334$，用算筹是这样进行的：

$\text{II}-\text{III}$	上位
$\text{I}=\text{I}$	下位

$\text{III}\equiv\text{IIII}$	中位

上面两个方框的意思是：左边方框的上位加下位，等于右边方框的中位。

这是我国古代加减运算的特色。

顺便说一下，在引入了正负数概念之后，加号和减号又多了一个新名字。规定正数前面的"＋"叫做正号，负数前面的"－"叫做负号。正、负号指出了数的性质，把它们叫做性质符号。例如单独的一个数＋3，－5，＋$\frac{1}{3}$……这里的"＋"和"－"是性质符号。

对于含有加减法的混合运算，如

$+5+\frac{1}{2}-2.5$，

$-20+5-7+\frac{1}{5}$。

如果不对以上两个算式施行交换律，那么算式中的第一个数＋5和－20，前面"＋""－"号表示的是性质符号，而在它们后面的"＋""－"号，既可以看做是运算符号，又可以看做是性质符号，具有双重的意义。

在有理数乘除算式中，如，$(+3)\times(-5)$，$(+6)\div(-2)$。

这些算式中的"＋""－"号，只能是性质符号了。

实际运算中，判断"＋"和"－"是运算符号，还是性质符号，没有十分严格的界限，只能根据具体情况，灵活确定。

知识点

泥版书

泥版书是古代中东地区用的一种图书，属于象形文字之一。

早在公元前3世纪，古代中东美索不达米亚地区出现了最原始的一种图书——泥版书。

有
趣
的
数
学
符
号

泥版书起源与西亚，后来传到希腊克里特岛，迈锡尼等地，刻写于上的文字也分为楔形文字和线性文字，因此又分为楔形文泥版文书和线性文泥版文书。

19世纪，考古学家对两河流域的遗址进行系统发掘，发现大量泥版书。泥版书是用一种木制硬笔在泥土板上刻写的，书成后经过焙烧或晒干，就成为坚硬的泥版书。经鉴定，在出土的50多万块泥版书中，有300多块记载着数学内容为数学泥版书。这些泥版书多数产生于公元前1800年到1600年之间。由于泥版书是用古代巴比伦人使用的楔形文字书写的，难以识破，这些数学泥版书直到1935年以后才逐渐被译成现代文字发表。

现在发现的泥版书内容有契约、债务清单等，是研究古代历史文化的重要证据。

泥版书的制作和使用一直延续到公元1世纪，后被羊皮书代替。

代数起源

如果我们对代数符号不是要求像现在这样简练，那么，代数学的产生可上溯到更早的年代。

西方人将公元前3世纪古希腊数学家丢番图看做是代数学的鼻祖，而真正创立代数的，则是古阿拉伯帝国时期的伟大数学家默罕默德·伊本·穆萨（我国称为"花粒子米"，生卒约为公元780—850年）。而在中国，用文字来表达的代数问题出现的就更早了。

"代数"作为一个数学专有名词、代表一门数学分支在我国正式使用，最早是在1859年。那年，清代数学家李善兰和英国人韦烈亚力共同翻译了英国人棣么甘所写的一本书，译本的名称就叫做《代数学》。当然，代数的内容和方法，我国古代早就产生了，比如《九章算术》中就有方程问题。

乘 号

乘法亦是最早产生的运算之一，且出现于人类最早的文字记载当中。

我国古人及古希腊的丢番图都不用乘号（Signs of multiplication），但后者则以两数并列表示相乘（与加法相同）。印度的巴赫沙里残简中，把数排成 $\begin{vmatrix} 5 & 32 \\ 8 & 1 \end{vmatrix}$ phalam 20 表示 $\frac{5}{8} \times 32 = 20$；排成 $1 \begin{matrix} 1 \\ 3+ \end{matrix} \begin{matrix} 1 \\ 3+ \end{matrix} \begin{matrix} 1 \\ 3+ \end{matrix}$ 表示 $1 \begin{matrix} 1 \\ 3+ \end{matrix} \times \begin{matrix} 2 \\ 3 \end{matrix} \times \begin{matrix} 2 \\ 3 \end{matrix}$。

施蒂费尔（德国数学家）于 1545 年出版的一本算术书内以大写字母 D 表示乘和除。斯蒂文（荷兰数学家）于 1634 年出版的书内亦采用了这符号，他以 3①M sec①M ter② 表示现在的 $3xyz^2$。这儿的 sec 及 ter 分别表示第二、三个未知数。

韦达（法国数学家）以 AinB 作为 A 与 B 的乘积。一些 15 世纪的手稿及印刷品仍以并列表示相乘，如 $6x$，$5x^2$ 等，但必须有字母才行，因 $5\frac{1}{2}$ 表示 $5+\frac{1}{2}$ 而非 $5 \times \frac{1}{2}$，这记法至今还沿用着。

西方称 "X" 为圣安德鲁斜十字（St. Andrew's cross）（因安德鲁为耶稣的十二门徒之一，传说他被钉在十字架上处死），这名称与数学全无关系。16 世纪出版的一些数学书就有采用这符号的，但开首并非现代用法，

而是以它表示两个独立的乘法运算，如以 $\begin{matrix} 315172 & 295448 \\ & \diagdown\diagup \\ 395093 & 174715 \end{matrix}$ 表示现在的

315172×174715 及 395093×295448 两个乘法。

奥特雷德（英国数学家）于 1631 年在其著作《数学之钥》中首次以 "×" 表示两数相乘，即现代的乘号，后日渐流行，沿用至今。莱布尼茨于 1698 年 7 月 29 日给 J·伯努利的一封信内提出以圆点 "." 表示乘，以防 "×" 号与字母 X 相混淆。后来以 "." 表示乘法的用法亦相当流行，现今欧洲大陆派（德、法、俄等国）规定以 "." 做乘号。其他国家则以 "×" 做乘号，"." 为小数点。而我国则规定以 "×" 或 "." 做乘号都可，一般

于字母或括号前的乘号可略去。

 知识点

有趣的数学符号

韦 达

　　韦达最重要的贡献是对代数学的推进，他最早系统地引入代数符号，推进了方程论的发展。韦达用"分析"这个词来概括当时代数的内容和方法。他创设了大量的代数符号，用字母代替未知数，系统阐述并改良了三、四次方程的解法，指出了根与系数之间的关系。给出三次方程不可约情形的三角解法。主要著有《分析法入门》、《论方程的识别与修正》、《分析五章》、《应用于三角形的数学定律》。

  延伸阅读

斯蒂文

　　斯蒂文，荷兰数学家、工程学家。

　　生于荷兰布鲁日（今属比利时），卒于海牙。斯蒂文的著作非常丰富，涉及数学、力学、天文学、航海学、地理学、建筑学、工程学、军事科学、音乐理论等多种学科。他在《论十进》（1585）一书中首次明确阐述了小数理论。他在《算术》（1585）一书中给出算术和代数的一般论述。他引进新的记号表示多项式，并给出二次、三次和四次方程的统一解法。他还发现了著名的斜面定律。斯蒂文十分重视数学在解决实际问题中的作用，他的著作不仅理论性强，而且联系实际广泛。他在晚年将自己的数学著作做了修订，并收入2卷的《数学论文集》中，于1605—1608年出版。

除　号

　　1544 年，施蒂费尔于其出版的《整数算术》中以一个或一对括号做除号，如以 8) 24 或 8) 24（表示 24÷8；奥特雷德则以 a) b(c 表示 $b÷a=c$；J·马洪（1701）则以 D) $A+B-C$ 表示 $(A+B-C)÷D$。至 1545 年，施蒂费尔又改以大写德文字母 D 表示除除号，其后，斯蒂文亦采用了这符号，他以 5②Dsec①Mter②表示 $\frac{5x^2}{y} \cdot z^2$，而戈里马德（1751）则以反写字母D表示除，如 12 ᗡ 4＝3 及 $a^2 b^{2ᗡ}a^2$。另外，昆尼亚于 1790 年出版的《数学原理》中，以平放的小写字母 ᴗ 表示除。

　　现今之除号"÷"称为雷恩记号，是瑞士人 J·H·雷恩于 1659 年出版的一本代数书中引用为除号。至 1668 年，他这本书之英译本面世，这记号亦得以流行，沿用至今。

　　此外，莱布尼茨（德国科学家、哲学家）于他的一篇论文《组合的艺术》内首以冒号"："表示除，后亦渐通用，至今仍采用。

符　号

　　符号是人们共同约定用来指称一定对象的标志物，它可以包括以任何形式通过感觉来显示意义的全部现象。在这些现象中某种可以感觉的东西就是对象及其意义的体现者。例如"＝"在数学中是等价的符号。

有趣的数学符号

用电脑来输入"÷"号的方法

1. 在 Word 中点击"插入"→"特殊符号"→"数学符号",然后选择"÷"即可输入除号。

2. 顺次点击"视图"→"工具栏"→"符号栏",然后选择"÷"即可。

3. 打开任意一种输入法,右键点击"软键盘"图标,选择"数字符号",选择"÷"即可。

4. 在智能 ABC 输入法下,按"V+数字键1",在出现的选择框中选择"÷"即可。

5. 在 Word 中依次点击"插入"→"符号",在"字体(F)"下拉列表中选择"Symbol",然后在第六行第九列选择即可插入"÷"。

等 号

相等是数学中最重要的关系之一。等号之出现与方程有关,数学于萌芽时期已有了方程的记载,因此亦有了表示相等关系的方法。

"方程"的概念早于我国古代已出现,但它是以"列表"(算筹布列)的方法解之,并不需等号,而书写时则以汉字"等"或"等于"表示。阿默斯纸草书中以"3β"表示相等;丢番图则以"ι$^{\sigma}$"或间中以""为等号;巴赫沙里残简中以相当于 pha 的字母为等号;到了 15 世纪,阿拉伯人盖拉萨迪以"∫"表示相等;雷格蒙塔努斯则以水平之破折号"——"为等号,如 1 et 3 —30 表示 $x^2+3x=30$;帕乔利亦以破折号为等号,但较长且记于数字之下,如 1.co.m̃.1.ce.de. β____ 36 表示 $x^2-y^2=36$。

雷科德于 1557 年出版的《砺智石》一书中,首次采用现今通用之等号"=",因此这符号亦称为雷科德符号。不过,这符号之推广很缓慢,其后的著名人物如开普勒、伽利略与费马等人常以文字或缩写语如 aequals, aeqantar，ae，esgale 等表示相等；1637 年，笛卡儿还以"＝"表示现代"±"号之意，而以"∞"为等号。直至 17 世纪末期，以"＝"为等号才被人们所接受，并渐得通用。

方　程

　　方程（英文：equation）是表示两个数学式（如两个数、函数、量、运算）之间相等关系的一种等式，通常在两者之间有一等号"＝"。方程不用按逆向思维思考，可直接列出等式并含有未知数。它具有多种形式，如一元一次方程、二元一次方程等。广泛应用于数学、物理等理科应用题的运算。

方程的基本概念

　　未知数：通常设 x 为未知数，也可以设别的字母，全部字母都可以。一道题中设两个方程未知数不能一样！

　　"元"：宋元时期，中国数学家创立了"天元术"，用"天元"表示未知数进而建立方程。后人们又设立了地元、人元、泰元来表示未知数，有几元便称为几元方程。这种方法的代表作是数学家李冶写的《测圆海镜》（1248），书中所说的"立天元一"相当于现在的"设未知数 x"。所以现在在简称方程时，将未知数称为"元"，如一个未知数的方程叫"一元方程"。而两个以上的未知数，在古代又称为"天元"、"地元"、"人元"。

　　"次"：方程中次的概念和整式的"次"的概念相似。指的是含有未知数的项中，所有未知数指数的总和。而次数最高的项，就是方程的次数。

　　"解"：方程的解，也叫方程的根。指使等式成立的未知数的值。一般表示为"$x＝a$"，其中 x 表示未知数，a 是一个常数。

解方程：是指求出方程的解的过程，也可以说是求方程中未知数的值的过程，叫解方程。

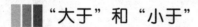

"大于"和"小于"

现实世界中的同类量，如长度与长度，时间与时间之间，有相等关系，也有不等关系。我们知道，相等关系可以用"＝"表示，不等关系用什么符号来表示呢？

为了寻求一套表示"大于"或"小于"的符号，数学家们绞尽了脑汁。

1629 年，法国数学家日腊尔在他的《代数教程》中，用象征的符号"ff"表示"大于"，用符号"$\S$"表示"小于"。例如，A 大于 B 记作："$AffB$"，A 小于 B 记作"$A\S B$"。

哈里奥特

1631 年，英国数学家哈里奥特首先创用符号"＞"表示"大于"，"＜"表示"小于"，这就是现在通用的大于号和小于号。例如 $5 > 3$，$-2 < 0$，$a > b$，$m < n$。

与哈里奥特同时代的数学家们也创造了一些表示大小关系的符号。例如，1631 年，数学家奥乌列德曾采用"$\sqsupset$"代表"大于"；用"$\sqsubset$"代表"小于"。

1634 年，法国数学家厄里贡在他写的《数学教程》里，引用了很不简便的符号，表示不等关系，例如：

$a > b$ 用符号"$a3 \mid 2b$"表示；

$b < a$ 用符号"$62 \mid 3a$"表示。

因为这些不等号书写起来十分繁琐，很快就被淘汰了。只有哈里奥特创用的"＞"和"＜"符号，在数学中广为传用。比如说，不等号和推出号"$\Rightarrow$"结合起采，能简明地表达出不等式的性质：

（1）$a > b \Leftrightarrow b < a$；

(2) $a>b$, $b>c \Rightarrow a>c$;

(3) $a>b \Rightarrow a+c>b+c$;

(4) $a>b$, $c>0 \Rightarrow ac>bc$,

   $a>b$, $c<0 \Rightarrow ac<bc$;

(5) $a>b>0 \Rightarrow \sqrt[n]{a}>\sqrt[n]{b}$。

有的数学著作里也用符号"$\gg$"表示"远大于",其含义是表示"一个量比另一个量要大得多";用符号"$\ll$"表示"远小于",其含义是表示"一个量比另一个量要小得多"。例如,$a \gg b$,$c \ll d$。

至近代,"$>$"及"$<$"分别表示大于及小于的符号,逐渐被统一及广泛采用。并以"$\not>$""$\not<$"及"$\neq$"来表示为大于、小于及等于的否定号。

灵活地运用$>$、$<$、$\gg$、$\ll$这些符号,可使某些问题的推理过程变得简单明了。

哈里奥特

托马斯·哈里奥特(1560—1621),是英国著名的天文学家、数学家、翻译家。并将马铃薯从美洲引入不列颠和爱尔兰。

哈里奥特1560年出生于英格兰牛津,1577年进入圣玛丽堂学习,并且在1580年获得学士学位(现在圣玛丽堂已经不复存在,在维多利亚时代晚期被牛津大学的奥里尔学院合并)。在学生时代哈里奥特就表现出了出众的数学才能,毕业后不久就进入了沃尔特·莱利男爵家族成为了一名家庭数学教师。他参与了莱利家族船只的设计,还利用他的天文学知识为导航提出了专门的建议。1585年沃尔特·雷利爵士派他参加格林魏里的探险,他到新大陆去参加测量,并绘制出后来被称做弗吉尼亚州即北卡罗来纳州的地图。之后他返回到英国,为诺森伯兰郡第9世伯爵工作,在伯爵的家中,他成为了多产的数学家、天文学家和翻译家,1609年49岁的哈里奥特已经是当时享有盛誉的天文学家和数学家。1621年7月2日去世于伦敦。

延伸阅读

高考中可以用推出符号吗

高考当然可以使用推出符号，连课本上都有的东西考卷上自然也可以用。

正统编教材从三角形一章末尾，在命题的证明中开始使用逻辑推演符号 ⇒（蕴涵之意）读作"推出"，如"$A \Rightarrow B$"，代表了"∵有 A，∴有 B"，反映着 A、B 之间的因果关系。"推出"符号的使用，可缩简证明过程，显示出证明过程的逻辑结构，使证明的层次分明，简明扼要，清晰易懂。其实就是把以前的因为所以符号省去，先列出所有的以前写在因为后的条件，然后写个推出，再写出最后的结论，就是为了省得一步一步地推导，应该是更方便了。

括 号

括号是用来规定运算次序的符号。

括号主要分为 4 类，包括大括号 ｛ ｝、中括号 ［ ］、小括号 （ ） 以及比较少用的括线——。

最早出现的括号是小括号 （ ），于 1544 年出现。直至 17 世纪，中括号 ［ ］才出现于英国瓦里斯（1616—1703）的著作中，至于括线则由 1591 年韦达（1540—1603）首先采用，而大括号 ｛ ｝ 则约在 1593 年由韦达首先引入；至 1629 年，荷兰的基拉德采用了全部括号，18 世纪后始在世界通用。

大家都知道，当一个算式里含有加、减、乘、除、乘方等几种运算时，通常是按先算乘方，再算乘除，最后算加减的顺序进行。

但是在计算中，为了某种特殊的约定，需要改变常规的运算顺序时，就要把提前演算的部分，添上一个括号。

请看下面的两个算式：

$$a + b \cdot c, \tag{1}$$

$$(a + b) \cdot c. \tag{2}$$

在（1）式中，要先算乘法，再算加法。

在（2）式中，要先算括号里的加法，再算乘法。

其中（$a+b$）是约定要提前演算的部分，所以添加了一个括号，这是括号产生的历史背景。

小括号又称为圆括号。在小括号出现之前，历史上曾用括线"——"代替过它，例如计算：

$10+\overline{8+19}=10+27=37$。

这里的括线和小括号"（）"有着同样的功能。

这 3 种括号中，以小括号应用的范围最为广泛。例如，在表示一个负数的乘方时，要把负数用（）括起来，把乘方的次数写在小括号的右肩上。比如"-5 的平方"的表达，要写成（-5）^{2}，如果粗心大意写成 -5^2，就是错误的了。

也许有人问：当一个算式里有多种括号时，应怎样运算呢？

这时要注意它们运算的顺序：先去小括号，再去中括号，最后脱掉大括号。例如：

$$计算\left[\left(-\frac{1}{2}\right)^2+2\frac{1}{2}\right]\div\left\{1-\left[\left(\frac{\sqrt{3}}{2}\right)^2+\left(-\frac{1}{2}\right)\right]\right\}$$

$$=\left[\frac{1}{4}+2\frac{1}{2}\right]\div\left\{1-\left[\frac{3}{4}+\left(-\frac{1}{2}\right)\right]\right\}$$

$$=2\frac{3}{4}\div\left\{1-\frac{1}{4}\right\}$$

$$=2\frac{3}{4}\div\frac{3}{4}=3\frac{2}{3}。$$

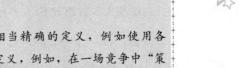

计　算

计算是一种将单一或复数的输入值转换为单一或复数之结果的一种思考过程。

计算的定义有许多种使用方式，有相当精确的定义，例如使用各种算法进行的"算术"，也有较为抽象的定义，例如，在一场竞争中"策

 延伸阅读

计算中的关系

计算不仅是数学的基础技能，而且是整个自然科学的工具。在学校学习时，必须掌握计算这一个基本生存技能；在科研中，必须运用计算攻关完成课题研究；在国民经济，计算机及电子等行业取得突破发展都必须在数学计算的基础上。因此计算在基础教育，各学科的广泛应用，高性能计算等先进技术方面都是主要方法。

广义的计算包括数学计算，逻辑推理，文法的产生式，集合论的函数，组合数学的置换，变量代换，图形图像的变换，数理统计等；人工智能解空间的遍历，问题求解，图论的路径问题，网络安全，代数系统理论，上下文表示感知与推理，智能空间等；甚至包括数字系统设计（例如逻辑代数），软件程序设计（文法），机器人设计，建筑设计等设计问题。

分　数

分数分别产生于测量及计算过程中。在测量过程中，它是整体或一个单位的一部分；而在计算过程中，当两个数（整数）相除而除不尽的时候，便得到分数。

其实很早已有分数的产生，各个文明古国的文化也记载有关分数的知识。古埃及人、古巴比伦人亦已有分数记号，至于古希腊人则用 L'' 表示 $\frac{1}{2}$，例如：$\alpha L''=1\frac{1}{2}$，$\beta L''=2\frac{1}{2}$，及 $\gamma L''=3\frac{1}{3}$ 等。至于在数字的右上角加一撇点 $'$，便表示该数的分之一。

至于我国，很早就已采用了分数，世上最早的分数研究出现于《九章算术》，在《九章算术》中，系统地讨论了分数及其运算（《九章算术》指出："分母各乘其余，分子从之。"这正式地给出了分母与分子的概念）。而古代中国的分数记数法，分别有两种，其中一种是汉字记

《九章算术》刻本

法，与现在的汉字记数法一样："……分之……"而另一种是筹算记法：

$$
\begin{array}{ll}
\perp \quad \text{||||} & 64 \\
\equiv \quad \text{|||} & 38 \\
\text{|||} \quad \equiv \quad \text{|||} & 483
\end{array}
$$

用筹算来计算除法时，当中的商在上，实（即被除数）列在中间，而法（即除数）在下，完成整个除法时，中间的实可能会有余数，如图所示，即表示分数 $64\frac{38}{483}$。在公元 3 世纪，中国人就用了这种记法来表示分数了。

古印度人的分数记法与我国的筹算记法是很相似的，例如 $\frac{1}{3} = \frac{1}{3}$，$1\frac{1}{3} = 1\frac{1}{3}$。在公元 12 世纪，阿拉伯人海塞尔最先采用分数线。他以

$$
2 + \cfrac{3 + \cfrac{3}{5}}{\cfrac{8}{9}}
$$

来表示 $\frac{332}{589}$。而斐波那契是最早把分数线引入欧洲的人。至 15 世纪后，才被逐渐形成现代的分数算法。在 1530 年，德国人鲁多尔夫在计算

$\frac{2}{3} + \frac{3}{4}$ 的时候，以

$$
\cfrac{\cfrac{8}{2} \quad \cfrac{9}{3}}{\cfrac{3}{12} \quad \cfrac{4}{12}}
$$

计算得 $\frac{17}{12}$，到后来才逐渐地采用现在的分数形式。

1845年，德摩根在他的一篇文章《函数计算》中提出以斜线/来表示分数线。由于把分数 $\frac{a}{b}$ 以 a/b 来表示，有利于印刷排版，故现在有些印刷书籍也有采用这种斜线/代表分数符号。

分　数

　　把单位"1"平均分成若干份，表示这样的一份或几份的数叫做分数。分母表示把一个物体平均分成几份，分子是表示这样几份的数。把1平均分成分母份，表示这样的分子份。

　　分子在上分母在下，也可以把它当做除法来看，用分子除以分母，相反乘法也可以改为用分数表示。

百分数与分数的区别

　　（1）意义不同，百分数只表示两个数的倍比关系，不能带单位名称；分数既可以表示具体的数，又可以表示两个数的关系，表示具体数时可带单位名称。

　　（2）百分数的分子可以是整数，也可以是小数；而分数的分子不能是小数，只是除0以外的自然数；百分数不可以约分，而分数一般通过约分化成最简分数。

　　（3）任何一个百分数都可以写成分母是100的分数，而分母是100的分数并不都具有百分数的意义。

　　（4）应用范围的不同，百分数在生产和生活中，常用于调查、统计、分析和比较，而分数常常在计算、测量中得不到整数结果时使用。

百分号、千分号

古代社会，由于生产力水平低下，尚不需要很精密的数值，一般有一位小数就够用了。

16 世纪的欧洲，工商贸易的迅速发展推动了科学技术的进步，人们对计算的精确度要求越来越高了。

在计算实践中发现，自然数有一个基本的单位是 1，而分数和小数都没有统一的单位。比如说 $\frac{5}{7}$ 的单位是 $\frac{1}{7}$，0.05 的单位是 0.01。因为它们的单位很不统一，所以在实际应用中仍有许多不足之处。于是，在分数的基础上，数学家把目光投向分母是 100 的分数身上，称它为百分数。"百分数"用符号"％"表示。例如 $\frac{75}{100}$ 记作"75％"。一般地，把分数 $\frac{p}{100}$ 记作为 p％，读作"百分之 p"。

对于已知数 a，当表示成百分数时，通常将这个数乘以 100 作为分子，而以 100 作为分母，再改写为百分数的形式。例如：

$$0.27 = \frac{0.27 \times 100}{100} = 27\%$$

如果一个数比另一个数小，表示这个数与另一个数的关系时，常常采用百分数。比如说，地球表面积是 5.1 亿平方千米，其中海洋面积是 3.61 亿平方千米，陆地面积是 1.49 亿平方千米。当人们比较海洋、陆地与地球表面积的关系时，用百分号表示时就显得一目了然，其中：

海洋面积占地球表面积的 71％；

陆地面积占地球表面积的 29％。

因为百分数的分母划一，便于比较和联系，所以把事物之间的数量关系，反映得简单明了。因此它在税收、折扣、保险、利息、汇兑和科学技术领域里，获得了广泛的应用。比如说：

$$增长率 = \frac{增长数}{原来的基数} \times 100\%；$$

$$合格率 = \frac{合格的产品数}{产品总数} \times 100\%；$$

$$出粉率 = \frac{面粉斤数}{小麦斤数} \times 100\%;$$

$$出勤率 = \frac{出勤人数}{应出勤数} \times 100\%;$$

$$浓度 = \frac{溶质重量}{溶液重量} \times 100\%.$$

综上所述，百分数算法可以归结为：

$$\frac{部分（比较数）}{整体（标准数）} \times 100\% = 百分数.$$

也许有人要问：用十分法和千分法不是一样吗？

的确，历史上有人曾用过十分法，比如说我国很早就有"七折"、"八成"、"十分之一谓之枚"的说法，这些语句都有十分法的思想。但是，十分法的缺点是太粗，仅仅分为十份，不能表达更为精确的小份。

后来人们又想了个办法，把分母恒为 1000 的分数引进来了，叫做千分数。"千分数"用符号"‰"表示，例如 $\frac{8}{1000}$ 记作"8‰"。

千分法比百分数更为精密，常用于专门的统计中，比如保险费率、溶液浓度等。

汇兑

汇兑是汇款人委托银行将其款项支付给收款人的结算方式。单位和个人的各种款项的结算，均可使用汇兑结算方式。汇兑又称"汇兑结算"，是指企业（汇款人）委托银行将其款项支付给收款人的结算方式。这种方式便于汇款人向异地的收款人主动付款，适用范围十分广泛。

百分点推荐引擎

百分点推荐引擎是国内领先的个性化推荐系统的营销解决方案。百分点推荐引擎是建立在海量数据挖掘基础上的互联网商务智能平台，帮助电子购物网站为其顾客提供个性化的购物体验，提升从浏览者到购买者的转化率，提高交叉销售能力，并最终提高客户的忠诚度。

百分点推荐引擎为用户提供了一个解决 Web 商品信息过载问题的强大工具，承担了在识别客户消费偏好的基础上，模拟商店销售人员向客户提供完全客户化的商品信息和建议，最高效率地帮助客户找到他们所需要的商品，并顺利完成购买过程的功能。

百分点推荐引擎由曾留学美国并效力于硅谷与华尔街一些著名高科技公司的科技与管理人才研发而成，在模型开发与技术处理方面的顾问团队包括数名国内外顶级大学的商学院教授。

比例号

比例号即用来表示比例关系的记号，现代常用的比例号"："是由 17 世纪德国数学家莱布尼茨所创立的。而这样的比例号亦曾出现于 1760 年法国人克雷罗所出版的书内。

在生产和生活中，经常需要比较两个数或两个同类量的大小。

我们说 8 比 5 大。有时仅仅知道两个数哪一个大还不够，还要对它们之间的大小关系研究得更深入一些。这里有两条研究的思路：

计算它们的差，得 $8-2=6$，即 8 比 2 大 6；

计算它们的商，得 $8\div2=4$，即 8 是 4 的 2 倍。

同样，比较两个同类量 30 米和 6 米的大小，也包含了两层意思：

求它们的差，$30-6=24$，即 30 米比 6 米大 24 米，其差仍是同类量。

求它们的商，$30\div6=5$，即 30 米是 6 米的 5 倍，这个商只表示倍数，是个不名数。

两个数或两个同类量的倍数关系通常用"比"表示，"："是表示"比"的符号，读作"比"。例如 15 比 5，记作 15：5。

17 世纪，数学家莱布尼茨认为：两个量的比，包含有除的意思，但又不能用"÷"表示。于是，他把除号中间的小短线去掉，用"："表示比号。

在应用"："号时要注意，"5 比 4 大 1"这句话的"比"字和"5 比 4"里的"比"字，它们的意义是不同的，只有后者才能写成 5：4。

在代数里，我们用字母表示数，两个数 a 和 b 的比，可以写作 $a：b$，后项 b 不能等于零。

在几何里，在同一单位下，两条线段长度的比叫做两条线段的比，可记作 $AB：CD$，其中 AB，CD 是两条线段。

莱布尼茨认为：两个数 a 与 b 的比，可以一般地表示为 $a：b$。当表示三个或三个以上的同类量时，如果第一个量和第二个量的比为 $a：b$，而第二个量和第三个量的比为 $b：c$，则称这些量成连比，记作：

$a：b：c$，

读作"a 比 b 比 c"。

连比有以下的性质：

如果 $a：b＝m：n$，

$b：c＝n：r$，

则 $a：b：c＝m：n：r$。

如果 $k≠0$，那么有

$a：b：c＝ka：kb：kc$，

$a：b：c＝\dfrac{a}{k}：\dfrac{b}{k}：\dfrac{c}{k}$。

比号"："在数学里应用范围极广，是常用的数学符号之一。它和"——"，"÷"之间有着密切的联系。比和分数比较，它的前项相当于分子，后项相当于分母，比号"："相当于分数线"——"；比和除法比较，它的前项相当于被除数，后项相当于除数，"："相当于"÷"。

由此可以看出："："、"—"、"÷"是三个既有联系又有区别的数学符号，只是在不同的场合下，有着各自不同的用法而已。

莱布尼茨

　　戈特弗里德·威廉·凡·莱布尼茨，德国最重要的自然科学家、数学家、物理学家、历史学家和哲学家，一位举世罕见的科学天才，和牛顿（1643—1727）同为微积分的创建人。他的研究成果还遍及力学、逻辑学、化学、地理学、解剖学、动物学、植物学、气体学、航海学、地质学、语言学、法学、哲学、历史、外交等等，"世界上没有两片完全相同的树叶"就是出自他之口，他还是最早研究中国文化和中国哲学的德国人，对丰富人类的科学知识宝库作出了不可磨灭的贡献。特别是由于他创建了微积分，并精心设计了非常巧妙简洁的微积分符号，从而使他以伟大数学家的称号闻名于世。

分　子

　　在数学里，分子表示分数中写在分数线上面的数。在表示有理数全集时，为了简便表达无限循环小数引入了分数概念进行组合表达，分子做被除数，分母做除数，运算结果和整数一起对应全部有理数。

　　同理，可以用根数的开方形式表示（代数）实数，循环开方数（级数）形式表示（超越数）实数；维度排列组合数列表示复数等等。

一个分数的分子除以分母可能整除，其商是一个整数；也可能不整除，但是可以除尽，其商是一个有限小数。

除此之外，还有第三种情形。看下面的例子：

$$\frac{1}{9}=0.1111\cdots \qquad\qquad (1)$$

$$\frac{7}{12}=0.3181818\cdots \qquad\qquad (2)$$

你看，两式所得的商都是无限小数。更有趣的是，在（1）式里，商自第一位起，数字"1"就无限重复出现；在（2）式里，商自第二位小数起，数字"18"也重复出现。

我们说，一个无限小数的各位数字，如果从某一位起，总是由1个或几个数字依照一定的顺序连续不断地重复出现，这种小数就叫做循环小数。重复出现的一个或几个数字叫做循环节。

循环小数有无限个循环节，要是都写出来是不可能的，怎样表示循环小数呢？

办法是在无限个循环节中，选第一个做代表，在这个循环节的首位数字上面画一个圆点"·"，在末尾数字上面也画一个圆点"·"。这个圆点叫做循环点。当然，如果循环节里只有1个数字，圆点只能画在它的顶上了。

例如：$0.1111\cdots$记作$0.\dot{1}$，

$0.3181818\cdots$记作$0.3\dot{1}\dot{8}$，

$5.32463246\cdots$记作$5.\dot{3}24\dot{6}$，

最初有人用符号"⌞‾‾‾"表示过循环节。例如：

$0.31818\cdots$记作$0.3\underline{|18}$，

$5.32463246\cdots$记作$5.\underline{|3246}$。

因为符号"⌞‾‾‾"书写起来比较费事，后来逐渐被淘汰了。

有了循环节号，观察循环小数里循环数字是什么时，就一目了然了，大大节省了时间。

知识点

循　环

循环是回旋。比喻周而复始，花开花谢，月圆月缺，循环无尽。人生就是一个循环不息的过程，比如生老病死。人类在一个大循环中生生不息。N年前地球由一片混沌演化成一个世界，出现了大陆、海洋、生灵，最后进化成人类的世界。而随着全球变暖，资源枯竭，科技进化，人类就进入了循环的另一个步骤——退化……最终，世界退化到一片混沌，地球又进入了长眠。整个世界在循环中生生不息。

环环相扣，相互影响，如力的转化，转换不息，循环是世界的根本。

延伸阅读

纯小数与纯循环小数

整数部分是零的小数，称为纯小数。循环节从小数部分第一位开始的循环小数，称为纯循环小数。纯循环小数是从十分位开始循环的小数，如0.33333333……，0.1428571428571……等，纯循环小数个位可为自然数。

分母只含有2或5的因数的最简分数，可以化为有限小数；

分母中含有2或5以外的因数的最简分数，可以化为循环小数，但不一定是纯循环小数。

比如：1/2，1/3……1/100这99个分数中，分母中不含2或5这样的因数的分数，就可以化为纯循环小数（这99个分数中，有39个可以化为纯循环小数）。

小　数

我国是最早采用小数的国家。早于 3 世纪，三国时期魏国人数学家刘徽注《九章算术》的时候，已指出在开方不尽的情况下，可以十进分数（小数）表示。在元朝刘瑾（约 1300 年）所著的《律吕成书》中更把现今的 106368.6312 之小数部分降低一行来记，可谓是世界最早之小数表达法。

除我国外，较早采用小数的便是阿拉伯人卡西。他以十进分数（小数）计算出 π 的 17 位有效数值。

至于欧洲，法国人佩洛斯于 1492 年，首次在他出版之算术书中以点"."表示小数。但他的原意是：两数相除时，若除数为 10 的倍数，如 123456÷600，先以点把末两位数分开再除以 6，即 1234.56÷6，这样虽是为了方便除法，不过已确有小数之意。

到了 1585 年，比利时人斯蒂文首次明确地阐述小数的理论，他把 32.57 记作 3257 或 32⓪5①7② 。而首个如现代般明确地以"."表示小数的人则是德国人克拉维乌斯。他于 1593 年在自己的数学著作中以 46.5 表示 $46\frac{1}{2} = 46\frac{5}{10}$。这表示法很快就为人所接受，但具体之用法还有很大差别。如 1603 年德国天文学家拜尔以 8798 表示现在的 8.00798，以 123.4.5.9.8.7.2 或 123.459.872 表示 123.459872。

苏格兰数学家纳皮尔于 1617 年更明确地采用现代小数符号，如以 25.803 表示 $25\frac{803}{1000}$，后来这用法日渐普遍。40 年后，荷兰人斯霍滕明确地以","（逗号）做小数点。他分别记 58.5 及 638.32 为 58，5① 及 638，32②，及后除掉表示的最后之位数①、②等，且日渐通用，而其他用法也一直有用。直至 19 世纪末，还有以 2'5，2°5，2'5，2∟5，2▲5，2.5，2,5 等表示 2.5。

现代小数点的使用大体可分为欧洲大陆派（德、法、俄等国）及英美派两大派系。前者以","做小数点，"."做乘号；后者以"."做小数点，以","做分节号（三位为一节）。大陆派不用分节号。我国向来采用英美派记法，但近年已不用分节号了。

《律吕成书》

《律吕成书》是一本元代律学著作，为刘瑾所著。全书共两卷。约成书于1340年。作者以候气为定律之本，其论乐守宋儒朱熹、蔡元定之说。在元代乐律著作稀少的情况下，也可聊备一说。有商务印书馆《丛书集成》初编据《墨海金壶》本的影印本。

小数化分数

有限小数化分数：小数表示的就是十分之一、百分之一、千分之一……所以，0.6可以化成$\frac{6}{10}$，约分成$\frac{3}{5}$。

纯循环小数化分数：整数部分照抄，小数部分循环节如果是一位分母为9，两位为99，三位为999……如0.2525……可以化成$\frac{25}{99}$，能约分的要约分。

混循环小数化分数：整数部分照抄，小数部分循环节部分一位为9，两位为99，三位为999……不循环的部分有几位就在9的后面添几个零，分母整个小数部分，循环部分一位循环就只抄一位，两位就抄两位……如0.13333……可以化成$\frac{13-1}{90}$，就是$\frac{12}{90}$，约分成$\frac{2}{15}$。

无限不循环小数：不能化成分数，因为无限不循环小数是无理数，分数全是有理数。

零 号

零是位值制记数法的产物。我们现在使用的印度－阿拉伯数字，就是用十进制值制记数法的了。例如要表示 2032300 这样的数，没有零号的话，便无法表达出来，因此零号有显著的用途。

世界上最早采用十进制值制记数法的是中国人，但是长期没有采用专门表示零的符号，这是由于中国语言文字上的特点。除了个位数外，还有十、百、千、万位数。因此 230 可说成二百三（三前常加"有"），意思十分明确，而 203 可说成二百零三，这里的"零"是"零头"的意思，这就更不怕混淆了。

除此之外，由于古代中国很早（不晚于公元前 5 世纪）就普遍地采用算筹作为基本的计算工具。在筹算数字中，是以空位来表示零的。由于中国数字是一字一音、一字一格的，从一到九的数字亦是一数一字，所以在书写的时候，一格代表一个数，一个空格即代表一个零，两个空格即代表两个零，十分明确。

我国古代把竹筹摆成不同的形状，表示一到九的数字记数的方法是个位用纵式，十位用横式，百位用纵式，千位用横式，依此类推。用上面 9 个数字纵横相间排列，能够表示出任意一个数。

例如"123"这个数可摆成：｜二｜｜｜。但是，"206"这个数，就不能摆成：｜｜╤，这样就是"26"了。这时必须在中间空一位，摆成：｜｜ ╤。这里的空位，就是产生 0 的萌芽。

公元前 4 世纪时，人们用在筹算盘上留下空位的办法来表示零。不过这仅仅是一个空位而已，并没有什么实在的符号，容易使人产生误解。后来人们就用"空"字代替空位，如把 206 摆成：｜｜空╤。然而用空字代表零，在数字运算中，和纵横相间的算筹交织在一起，很不协调，于是又用"□"表示零。例如南宋蔡沈著的《律吕新书》中，曾把104976记作"十□四千九百六十七六"。用"□"表示零，标志着用符号表示零的新阶段。

但他们常用的行书，很容易把方块画成圆圈，所以后来便以○来表示零，而且逐渐成了定例。这种记数法最早在金《大明历》（1180）中已采用，例如以"四百○三"表示403，后渐通用。

蔡 沈

但是，中国古代的零是圆圈○，并不是现代常用的扁圆0。希腊的托勒密是最早采用这种扁圆0号的人，由于古希腊数字是没有位值制的，因此零并不是十分迫切的需要，但当时用于角度上的六十进位制（源自巴比伦人，沿用至今），很明确地以扁圆0号表示空位，例如 $\overline{\mu\alpha}\, o\, \iota\eta$ 代表 41°0′18″。后来印度人的0号，可能是受其影响。

在印度，也是很早就已使用十进制值记数法。他们最初也是用空格来表示空位，如 3 7 即是307，但这方法在表达上并不明确，因此他们便以小点以表示空位，如3.7，即是307。在公元876年，在格温特（Gwalior，印度城市）地方的一个石碑上，发现了最早以扁圆0作为零号的记载。印度人是首先把零作为一个数字使用的。后来，印度数字传入阿拉伯，并发展成现今我们所用的印度－阿拉伯数字，而在1202年，意大利数学家斐波那契把这种数字（包括0）传入欧洲，并逐渐流行于全世界。印度－阿拉伯数字（包括0）在中国的普遍使用是20世纪的事了。此外，其他古代民族对零的认识及零的符号也作出了一定的贡献。如巴比伦人创作了六十进位值制记数法。而美洲玛雅人亦于公元前创立了二十进位值制记数法，并以 作为零号。

数学中的"0"和"无"并不完全是一回事。在小学里用0表示"没有"是对现实的反映。随着人类社会实践活动的不断发展，对0的认识也在不断地加深。在学习了正负数以后，0有了更为丰富的内容，它不仅可以表示"没有"，而且可以表示一种确定的量。例如北京高出海平面52.3

米，吐鲁番最低处低于海平面 154 米，而海平面的高度规定为 0 米，它表示了海平面高程这个确定的量。

0 在数学里具有非常独特的性质：

（1）在加数中，任何一个数与 0 相加，仍等于这个数，即 $a+0=a$。

（2）在减法中，一个数减去 0，仍等于这个数，即 $a-0=0$。

（3）在乘法中，因数只要有一个为 0，则其积为 0，即 $a\times0=0$。

（4）在除法中，0 除以不等于零的数，其商为 0，即 $\frac{0}{a}=0$（$a\neq0$），并且规定 0 不能做除数。

今天，我们无论在什么样的计算中，几乎都要遇到零，0 在整个数学中，扮演了十分重要的角色。

知识点

零

零是自然数中的一个，在数学和科学中有多种用法。零在汉字里有多种含义，中国也有零的姓氏。在日本游戏里，有恐怖游戏《零》系列，目前已经出版四部，并且在其他游戏中，零也是一个常用的人物名。

中国古代的算筹

中国古代以筹为工具来记数、列式和进行各种数与式的演算的一种方法。筹，又称为策、筹策、算筹，后来又称之为算子。它最初是小竹棍一类的自然物，以后逐渐发展成为专门的计算工具，质地与制作也愈加精致。据文献记载，算筹除竹筹外，还有木筹、铁筹、骨筹、玉筹和牙筹，并且有盛装算筹的算袋和算子筒。算筹实物已在陕西、湖南、江苏、河北等省发现多批。其中发现最早的是 1971 年陕西千阳出土的西汉宣帝时期的骨制算筹。

筹算在中国肇源甚古，春秋战国时期的《老子》中就有"善数者不用筹策"的记述。当时算筹已作为专门的计算工具被普遍采用，并且筹的算法已趋成熟。

▌▌▌ $a+bi$ $(a, b \in R)$ 复数号

虚数是从解方程的过程中产生的，而求解方程又是人类在生产和科学实验中经常遇到的问题，从这种意义上来说，虚数本来是不"虚"的，因此它首先在数学内部得到了应用。17—18 世纪的数学家，如莱布尼茨、欧拉、棣莫弗等人，他们研究了虚数和对数函数、三角函数……之间的关系，使比较复杂的数学问题，变得易于处理了。

1832 年，德国数学家高斯对虚数单位 i 做了以下的规定：

（1）它的平方等于 -1，即 $i^2 = -1$；

（2）实数与它进行四则运算时，原有的加、乘运算仍然成立。

在这种规定之下，i 可以与实数 b 相乘，再同实数 a 相加，由于满足乘法交换律及加法交换律，从而可以把结果写成：$a+bi$，其中 a，b 是实数，出现了形如 $a+bi$ 的数，叫做复数。

当 $b=0$ 时，$a+bi$ 是实数；$b \neq 0$ 时，$a+bi$ 是虚数，高斯把实数和虚数统一起来了。

令 $z=a+bi$，其中实数 a 叫做复数 z 的实部，用符号"Re"表示，即 $a=\text{Re}(z)$；实数 b 叫做复数 z 的虚部，用符号"Im"表示，即 $b=\text{Im}(z)$。

1797 年，挪威有一位测量学家维塞尔，在前人工作的基础上，提出了把复数 $a+bi$ 用平面上的点 (a, b) 来表示的思想，维塞尔在向丹麦科学院递交的论文中这样写道：

只要想象一条有方向的水平直线与一条有方向的垂直的直线相交，把交点 O 叫做零点，现在就有 4 条从 O 点出发的射线，共同构成了一个直角。

如果在向右的那条射线 Ox 上，每隔相等的间隔就标以记号 $+1$，$+2$，……这条射线上的点都对应唯一一个正实数；反之，每一个正实数，在射线

上也可以找到唯一个点和它对应。同样，向左的那条射线用负实数来做上记号，向上的那条射线 Oy 用正的纯虚数做上记号，向下的那条射线用负的纯虚数做上记号。有了这两条数轴后，就可以表示任意一个复数了。

维塞尔构想的这样一个复平面，对人们接受复数概念起了很大的作用，通过复平面上的点，虚数至少不是虚无缥缈的了。但是，维塞尔的这种构想，并没有引起人们广泛的注意。

稍后，高斯给出了代数基本定理的证明，他的很多论证都假定了复数和复平面上的点一一对应起来，使人们进一步接受了复平面的思想，所以人们又把复平面叫做高斯平面。

复平面的引入，为复数的应用奠定了基础。19 世纪以来，复数在很多实际问题中得到应用。例如：

考虑一条江河表面上水的流动，如果假定在河上取好一个复平面 xOy，把河面上任意一点 P 在某一时刻水流速度的两个分量记作 v_x，v_y，把速度向量写成：$v = v_x + iv_y$。

与此类似，可以把均匀带电无限长导线周围，垂直于导线的某个平面上的电场强度写成复数的形式：$E = E_x + iE_y$。

其他的例子还有很多，不胜枚举。

总之，由两个有序实数所确定的量，一般都能表示成复数的形式。复数在流体力学、弹性力学、空气动力学、电学等方面都有实际应用，是科学技术中普遍使用的数学工具之一。

欧 拉

莱昂哈德·欧拉（1707—1783）是瑞士数学家和物理学家。他被一些数学史学者称为历史上最伟大的两位数学家之一（另一位是卡尔·弗里德里克·高斯）。欧拉是第一个使用"函数"一词来描述包含各种参数的表达式的人，例如：$y = F(x)$（函数的定义由莱布尼茨在 1694 年给出）。他是把微积分应用于物理学的先驱者之一。

负数符号

负数是由我国古代的数学家最先所采用及应用的，在《九章算术》中便记载了负数及负数的运算法则。而在其他运算中，亦有不同的方式来表示正负数，如在筹算时，会以红色的筹表示正数，黑色的筹表示负数。但这种方法用于毛笔记录时，换色十分不便，因此在 12 世纪，元朝数学家李冶首创了在数字上加斜划以表示负数（见图）。

这幅图所表示的是 $4.12x^2 - x + 136 - 248x^{-2}$，这可以说是世上最早的负数记号。

而西方对负数的认识则比中国较迟，到 15 世纪后才正式应用负数。在运算中，亦有不同的负数符号以表示正负数。如在 1800 年，威尔金斯用 $\bar{a}.v.$ 表示 $-a$；在 1809 年，温特费尔在数字前加上"⊣"或"⊢"来表示负数；而在 1832 年，W. 波尔约用"⊢⊣"表示负数。此外，后来亦有不同方式表示负数如 $\rightarrow a$ 表示负数，$\leftarrow a$ 表示正数；a_m 为负数，a_p 为正数；又以 $\hat{a}$ 表示负数，$\check{a}$ 为正数。

直至 20 世纪初，亨廷顿才开始采用接近现在的负数符号形式，如 -3，-2，-1，0，$+1$，$+2$，$+3$，并逐渐成为现在的正负数。

▌▌▌ 绝对值

1841 年德国数学家维尔斯特拉斯首先引用"｜｜"为绝对值符号，及后为人们所接受，且沿用至今，成为现今通用之绝对值符号。

绝对值符号在现实世界中有着现实的意义。

两辆汽车，第一辆向东行驶了 5 千米，第二辆向西行驶了 8 千米，把向东方向规定为正方向，那么它们行驶的方向和路程，分别记作 $+5$ 千米，-8 千米。

世界上的事情是复杂的，有时人们只需要知道汽车行驶的路程，而不去考虑它的方向。这时，仅知道 5 千米、8 千米这样的数就行了。另外，像力、速度等量，都有大小和方向问题，当仅考虑其大小时，就产生了绝对值的概念。

一个正数的绝对值是它本身，一个负数的绝对值是它相反的数，零的绝对值是零。

要表示一个数的绝对值，在这个数的两旁各画一条竖线，用符号 "$|\ |$" 表示，比如 "-8 的绝对值" 记为 $|-8|$。

由于用字母表示数，绝对值的概念进一步深化了。例如要把 $|a|$ 中的绝对值符号去掉，需要对字母 a 的取值情况进行讨论。

a 是正数时，$|-a|=a$ 是对的，因为 a 是正数，$-a$ 是负数，而 $-a$ 的相反数是 a。

当 a 是负数时，$|-a|=a$ 对吗？

不对！

因为 a 是负数，$-a$ 是正数，而正数的绝对值是它本身。所以 a 是负数时，$|-a|=a$ 不对，要写成 $|-a|=-a$ 才行。

同样，$|a|=a$ 也是不正确的。这同样是犯了把字母 a 看成是正数的毛病。正确的答案是：

$$|a|=\begin{cases} a & \text{当 } a \geqslant 0 \text{ 时；} \\ -a & \text{当 } a < 0 \text{ 时。} \end{cases}$$

当数的概念由实数扩充到复数后，复数的绝对值还有意义吗？

大家都知道复数是没有大小的，表示复数的点不一定落在实轴上，不可能从数轴的角度去解释绝对值概念。

怎么办呢？

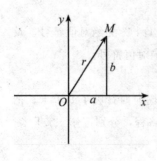

如图，设复数 $a+bi$（$b \neq 0$）对应的点是 M，它对应的向量是 $\overrightarrow{OM}$，我们把向量 $\overrightarrow{OM}$ 的模 r（有向线段 OM 的长度），叫做复数以 $a+bi$ 的绝对值，用符号 $|a+bi|$ 表示。

虽然复数没有正负可言，但它的绝对值也是客观存在的。

实际上，当 $b=0$ 时，$|a+bi|=|a|$。

从这里可以看出复数的绝对值和实数的绝对值的一致性。这一点还可从绝对值的几何意义中看出来：

复数的绝对值和实数绝对值的几何意义，其相同的地方是都表示对应的点到原点的距离，但复数对应的点在复平面上，实数对应的点在数轴上。模相等的复数对应的点在同一个圆上，绝对值相等的两个实数对应的点在数轴上原点的两旁，并且与原点距离相等。

大家知道，复数不能比较大小，但它的模（绝对值）能够比较大小。例如，已知复数：

$$z_1 = 3 + 4i, \quad z_2 = -\frac{1}{2} - \sqrt{2}i。$$

因为 $|z_1| = 5$，$|z_2| = \frac{3}{2}$，

所以 $|z_1| > |z_2|$。

复数的绝对值在复数的运算方面有着重要的作用，它是实数绝对值的自然推广。

复　数

复数是指能写成如下形式的数 $a + bi$，这里 a 和 b 是实数，i 是虚数单位（即 -1 平方根）。由意大利米兰学者卡当在 16 世纪首次引入，经过达朗贝尔、棣莫弗、欧拉、高斯等人的工作，此概念逐渐为数学家所接受。复数有多种表示法，诸如向量表示、三角表示、指数表示等。它满足四则运算等性质。它是复变函数论、解析数论、傅里叶分析、分形、流体力学、相对论、量子力学等学科中最基础的对象和工具。同时，复数还指在英语中与单数相对，两个及两个以上的可数名词。

延伸阅读

虚数符号

许凯（法国数学家）是最先考察负数开平方运算的人。1484 年，他在解方程 $4+x^2=3x$ 时得到的 x 值，如以现代的符号表示他的成果，即 $x=\frac{3}{2}\pm\frac{\sqrt{-7}}{2}$，由于 $\frac{\sqrt{-7}}{2}$ 是负数，所以他认为不可能解这方程。

1637 年，在笛卡儿的《几何学》一书中第一次出现了虚数的名称。imaginaires 代表虚的，reelles 代表实的。

1777 年，大数学家欧拉在一篇递交给彼得堡科学院的论文《微分公式》中首次以 i 来表示 $\sqrt{-1}$，但很少人注意到。直到 1801 年，数学家高斯才有系统地使用这个符号，并沿用至今。

对　数

数学和其他自然科学一样，它的产生和发展，归根到底，决定于人类生产实践的需要。

15—16 世纪，天文学处于科学的前沿，许多学科在它的带动下发展。1471 年，德国数学家雷基奥蒙斯坦从天文计算的需要出发，造出了第一张具有八位数字的正弦表。精密三角表的问世，伴随着出现的是大数的运算。但尤其是乘除运算，当时还没有一个简单的办法。能否用加、减运算来代替乘除运算呢？这个问题吸引了当时的许多数学家。

苏格兰数学家纳皮尔对数字计算很有研究。他在一个需要改革计算技术的年代里冲锋陷阵。他曾说："我总是尽量使自己的精力和才能去使人摆脱麻烦而单调的计算，因为这种令人厌烦的计算常使学习者望而生畏。"由他发明的"纳皮尔算筹"与球面三角中的"纳皮尔比拟式"等，在当时都颇负盛名。1614 年纳皮尔发表了名著《奇妙的对数定律说明书》，向世人公布了新的计算法——对数。当时指数的概念尚未形成，纳皮尔不是从指数出发，而是通过研究直线运动得出对数概念的。

对数一词是由一希腊文 λογος（拉丁文 logos，意即：表示思想之文字或符号，亦可做"计算"或"比率"讲）及另一希腊词 α'ριθμδs（数）结合而成的。纳皮尔于表示对数时套用 logarithm 整个词，并没做简化。

至 1624 年，开普勒才把词简化为"Log"，奥特雷得于 1647 年也是这样用。1632 年，卡瓦列里成了首个采用符号 log 的人。1821 年，柯分以"l"及"L"分别表示自然对数和任意且大于 1 的底之对数。1893 年，皮亚诺以"log$x$"及"Log$x$"分别表示以 e 为底之对数和 10 为底之对数。同年，斯特林厄姆以"blog"，"ln"及"log$_k$."分别表示以 b 为底次对数，自然对数和以复数模 k 为底之对数。1902 年，施托尔茨等人以"alog.b"表示以 a 为底的 b 的对数，后渐成现在之形式。

对数于 17 世纪中叶由穆尼阁引入中国。17 世纪初，薛凤祚的《历学会通》有"比例数表"（1653 年，或作"比例对数表"），称真数为"原数"，对数为"比例数"。《数理精蕴》亦称做对数比例，说："对数比例乃西士若往。纳白尔所作，以假数与真数对列成表，故名对数表"。因此，以后都称做对数了。

比例对数表

18 世纪，瑞士数学家欧拉产生了"对数源于指数"的看法。这一观点是正确的，实际上对数和指数之间有着天然的联系：

设 a 是不等于 1 的正数，如果 $a^b = N$，那么反过来要表达 N 是 a 的多少次幂时，记作：

$$b = \log_a N。$$

这里，b 叫做以 a 为底 N 的对数。

英国数学家布里格斯认真研究过纳皮尔的对数，他发现如果选用以 10 为底数，那么任意一个十进位数的对数，就等于该数的那个 10 的乘幂中的幂指数，将这种对数用于计算会带来更多的方便。1624 年，布里格斯出版了《对数算术》一书，制成了以 10 为底的对数表。这种以 10 为底的对数，叫做常用对数。记作：$\log_{10} N$。这里的底数 10 一般省略不写，即为：$\lg N$，它是常用对数号。

对数符号引入后，在表达对数运算法则时，可以准确、简洁地表示出对数的运算规律：

$$\log_a (M \cdot N) = \log_a M + \log_a N;$$

$$\log_a \frac{M}{N} = \log_a M - \log_a N;$$

$$\log_a M^n = n \log_a M;$$

$$\log_a \sqrt[n]{M} = \frac{1}{n} \log_a M.$$

其中 $M > 0$，$N > 0$，a 是不等于 1 的正数。

伽利略

17 世纪对数通过西方传教士引入我国。在 1772 年 6 月由康熙主持编纂的《数理精蕴》中亦列入"对数比例"一节，并称"以假数与真数对列成表，故名对数表"。真数，即现在所指的对数中的真数；假数就是今天"对数"的别名。我国清代数学家戴煦研究对数很有成绩，著成《求表捷术》一书。

对数在数学中的应用很广泛，给人们在计算上带来很大方便，彻底解决了乘方、开方运算和计算上的降级运算，如乘除运算可以用加减运算来代替，乘方、开方运算可以用乘除运算来代替，对数的发明是数学史上的一件大事。恩格斯曾把对数的发明、解析几何学的创始和微积分学的建立并列为 17 世纪数学的三大成就。难怪意大利的天文学家伽利略曾说过："给我空间、时间及对数，我可以创造一个宇宙。"这话当然是夸张的语气，然而说明对数的用处是巨大而广泛的。

开 普 勒

　　开普勒（1571—1630）是德国著名的天体物理学家、数学家、哲学家。他首先把力学的概念引进天文学，他还是现代光学的奠基人，制作了著名的开普勒望远镜。他发现了行星运动三大定律，为哥白尼创立的"太阳中心说"提供了最为有力的证据。他被后世誉为"天空的立法者"。

排列组合符号

　　1772年，旺德蒙德以 $[n]^p$ 表示由 n 个不同的元素中每次取 p 个的排列数。而欧拉则于 1771 年以 $\left(\dfrac{n}{p}\right)$ 及于 1778 年以 $\left(\dfrac{n}{p}\right)$ 表示由 n 个不同元素中每次取出 p 个元素的组合数。至 1872 年，埃汀肖森引入了 $\left(\dfrac{n}{p}\right)$ 以表相同之意，这组合符号一直沿用至今。

　　1830 年，皮科克引入符号 Cr 以表示由 n 个元素中每次取出 r 个元素的组合数；1869 年或稍早些，剑桥的古德文以符号 nPr 表示由 n 个元素中每次取 r 个元素的排列数，这用法亦延用至今。按此法，nPn 便相当于现在的 $n!$。

　　1880 年，鲍茨以 ^nCr 及 ^nPr 分别表示由 n 个元素取出 r 个的组合数与排列数；6 年后，惠特渥斯以 C_n^r 及 P_n^r 表示相同之意，而且，他还以 R_n^r 表示可重复的组合数。至 1899 年，克里斯托尔以 nPr 及 nCr 分别表示由 n 个不同元素中每次取出 r 个不重复之元素的排列数与组合数，并以 nHr 表示相同意义下之可重复的排列数，这三种符号也通用至今。

　　1904 年，内托为一本百科辞典所写的辞条中，以 A_n^r 表示上述 nPr 之意，以 C_n^r 表示上述 nCr 之意，后者亦同时采用了（$\binom{n}{r}$）。这些符号也一直用到现代。

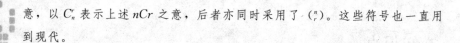

$\sum$ 和号

数学里常会遇到若干个数相加的式子，比如：

$$(a_1 + a_2 + \cdots + a_n) + (b_1 + b_2 + \cdots + b_n)。 \tag{1}$$

这一长串式子，书写起来比较麻烦，能否找到一个简单的记法呢？

为了书写方便起见，我们将 $a_1 + a_2 + a_3 + \cdots + a_n$ 记作：

$\displaystyle\sum_{i=1}^{n} a_i$，其中"$\sum$"是求和符号，读作"西格玛"。

$\displaystyle\sum_{i=1}^{n} a_i$ 读作"$\sum$，a，i，i 从 1 到 n"。a_i 叫做一般项，整数 i 叫做取和指标。

这样（1）式可简记为：$\displaystyle\sum_{i=1}^{n} a_i + \sum_{i=1}^{n} b_i$。

和号"$\sum$"是 1755 年德国数学家欧拉在他写的《微分学原理》一书中首先采用的。

"$\sum$"起源于希腊文 $\sigma o \gamma \mu a \rho \omega$（增加），$\sum$ 是单词第一个字母 σ 的大写。

在符号 $\displaystyle\sum_{i=1}^{n} a_i$ 中，字母 i 是表示一般项的取和指标，也可以采用其他字母。实际上，意义都是相同的。比如说：

$$\sum_{k=1}^{20} \frac{1}{k}, \ \sum_{l=1}^{20} \frac{1}{l}, \ \sum_{\beta=1}^{20} \frac{1}{\beta},$$

这三个式子都代表同一个和：

$$1 + \frac{1}{2} + \frac{1}{3} + \cdots + \frac{1}{20}。$$

试问：在 $\displaystyle\sum_{i=1}^{n} a_i$ 中，展开式的开始项和终了项各是什么？

在 $\sum$ 下面注明"$i=1$"，上面写字母"n"，表示 i 依次取 1，2，3，

$\cdots$，n。

很明显，开始项是 a_1，终了项是 a_n。

可能有人又问：开始项是否一定取 a_1？

这不一定。

例如，$a_0 + a_1 + a_2 + \cdots + a_{n+1}$，记为 $\displaystyle\sum_{i=0}^{n} a_i$。

又如，$\displaystyle\sum_{i=2}^{6} 2_i = 4 + 6 + 8 + 10 + 12$。

怎样把一个 n 项之和简记成 $\displaystyle\sum$ 的形式呢？关键是求出它的一般项 a_i。

例如：

$$x_1 f_1 + x_2 f_2 + \cdots + x_n f_n, \tag{2}$$

$$1 \cdot 2 + 2 \cdot 3 + 3 \cdot 4 + \cdots + n(n+1) \tag{3}$$

细心的读者不难发现：

（2）式中，把 $x_n f_n$ 的脚码换成 i，就可得出式子的一般项是 $x_i f_i$。

（3）式中，每一项都是相邻两个整数的乘积，显然一般项是 $i(i+1)$。

于是得出：

$$x_1 f_1 + x_2 f_2 + \cdots + x_n f_n = \sum_{i=1}^{n} x_i f_i;$$

$$1 \cdot 2 + 2 \cdot 3 + \cdots + n(n+1) = \sum_{i=1}^{n} i(i+1)。$$

当然，在某种场合下，还要用双重和号。例如：

$$\sum_{i=1}^{m} \sum_{j=1}^{n} a_i b_j。$$

双重和号的意义是：先对第二个求和号求和，再对第一个求和。双重和号满足交换律，即有：

$$\sum_{i=1}^{m} \sum_{j=1}^{n} a_i b_j = \sum_{j=1}^{n} \sum_{i=1}^{m} a_i b_j。$$

这个性质，应用和号 $\displaystyle\sum$ 简化证明如下：

$$\sum_{i=1}^{m} \sum_{j=1}^{n} a_i b_j = \sum_{i=1}^{m} a_i \left(\sum_{j=1}^{n} b_j \right) = \sum_{i=1}^{m} a_i (b_1 + b_2 + \cdots + b_n)$$

$$= \sum_{i=1}^{m} a_i b_1 + \sum_{i=1}^{m} a_i b_2 + \cdots + \sum_{i=1}^{m} a_i b_n$$

$$= (b_1 + b_2 + \cdots + b_n) \sum_{i=1}^{m} a_i = \sum_{j=1}^{n} b_j \sum_{i=1}^{m} a_i$$

$$= \sum_{j=1}^{n} \sum_{i=1}^{m} a_i b_j。$$

实际上，数学中很多场合引入了和号 $\sum$ 后，在表达方式上带来了极大的方便。比如在立体几何里，设直棱柱底面的各边长分别为：a_1，a_2，a_3，$\cdots$，a_n，直棱柱的高为 h，则 $S_{直棱柱侧} = a_1 h + a_2 h + \cdots + a_n h = \sum_{i=1}^{n} a_i h$。

在高等数学里，对于任意一个无穷数列：

u_1，u_2，$\cdots$，u_n，$\cdots$作出形如：$u_1 + u_2 + \cdots + u_n + \cdots$的和式，叫做数项级数，简记为 $\sum_{i=1}^{\infty} u_i$。

和号 $\sum$ 的应用，简化了书写的格式，显示了数学符号的优越性。

立体几何

数学上，立体几何是三维欧氏空间的几何的传统名称——因为实际上这大致上就是我们生活的空间。一般作为平面几何的后续课程。立体测绘（Stereometry）处理不同形体的体积的测量问题：圆柱、圆锥、圆台、球、棱柱、楔、瓶盖等等。

毕达哥拉斯学派就处理过球和正多面体，但是棱锥、棱柱、圆锥和圆柱在柏拉图学派着手处理之前人们所知甚少。尤得塞斯（Eudoxus）建立了它们的测量法，证明锥是等底等高的柱体积的 $\dfrac{1}{3}$，可能也是第一个证明球体积和其半径的立方成正比的。

符 号 e

首先以 e 表示自然对数的底是欧拉，他大约于 1727 年或 1728 年的手稿内采用这符号，但这手稿至 1862 年才付印。此外，他于其 1736 年出版之《力学》第一卷及 1747—1751 年的文章内亦以 e 表示自然对数的底。而丹尼尔·伯努利、孔多塞及兰伯特则分别于 1760 年、1771 年及 1764 年采用这符号。其后贝祖（1797）、克拉姆（1808）等都这样用 e，至今也是。

到了 19 世纪，我国曾以特殊符号表示自然对数的底。李善兰译的《代数学》（1859）卷首有这样的一句："又讷字代二、七一八二八一八，为讷白尔对数底率。"即以"讷"表示自然对数的底。华蘅芳于 1873 年译的《代数术》卷十八有这样的一句："则得其常数为二．七一八二八一八二八四五九〇四五不尽，此数以戊代之，……可见戊即为讷对之底。"即以"戊"表示自然对数的底，这显然与当时以甲乙丙丁译 *ABCDE* 有关，因此以"戊"译 e。其后因数学书采用了横排及西文记法，因此亦采用了"e"这符号。

Ø 空集号

在某些特定的条件下，你会遇到一种非常奇特的集合，它"奇"在集合里一个元素也没有！

你可能要问：难道没有元素也能组成一个集合吗？

的确是这样。例如，由方程 $x^2+1=0$ 的所有实数根组成的集合，就具有这种特性，因为方程 $x^2+1=0$，根本没有实数根。

不含任何元素的集合叫做空集。"空集"用"Ø"表示，也可以记作 $\{0\}$，读作"空集"，也可读作"欧"。例如：

$\{x \mid x^2+1=0$ 的实数根$\} = Ø$；

$\{x \mid x+1=x+5\} = Ø$。

有人认为：0，Ø，和 $\{0\}$，这三个符号代表的意义是等同的。

这种看法不对。

学习空集概念之前，人们习惯用数"0"表示"没有"。给出了空集 Ø 后，0 和 Ø 并不相同。正如由两个苹果组成的集合和自然数 2 不同一样。事实上，自然数是由于数物体集合中元素的个数而产生的，而没有元素是空集的一个特征，因此，0 和 Ø 混淆的实质，是将集合中元素的个数同集合本身混为一谈。数0有明显的几何意义，它表示数轴上的原点，是正数和负数的分界限。0是一个数字，可以是某个集合的元素；空集 Ø 是一个集合，决不能因为空集中没有元素而误认为是0。

{0} 和 Ø 虽然都表示集合，二者也是有区别的：{0} 是指仅含一个元素0的集合；Ø 指没有元素的集合，{0} 和 Ø 是两码事。

也有人说：Ø＝{Ø}，这个等式应该成立了吧？

其实不然。

因为 {Ø} 是一个集合，它里面含有一个元素 Ø；而 Ø 是一个空集，不含有任何的元素。不少人只知道集合的元素可以是数、式、形以及一些物体，却不知道集合的元素也可以是集合。因为空集是一个集合，所以下列符号都表示集合：

{Ø}，{Ø，{Ø}}。

可见，Ø 和 {Ø} 是两个不同的集合。

空集 Ø 是集合论中最抽象的符号之一。正确理解 0，Ø，{0}，{Ø} 等符号的含义，是学习集合概念的基础。

实　数

包括有理数和无理数。其中无理数就是无限不循环小数，有理数就包括整数和分数。数学上，实数直观地定义为和数轴上的点一一对应的数。本来实数仅称做数，后来引入了虚数概念，原本的数称做"实数"——意义是"实在的数"。

空集的运算

空集（作为集合）上的运算也可能使人迷惑。（这是一种空运算。）例如：空集元素的和为0，而它们的积为1。这可能看上去非常奇怪，空集中没有元素，它们是怎么相加和相乘的呢？最终，这些运算的结果更多被看成是运算的问题，而不是空集的。比如，可以注意到 0 是加法的单位元，而 1 是乘法的单位元。

$f：A→B$ 映射号

有这样一道题：

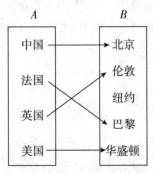

如图，左边方框里是由中国、法国、英国、美国四个国家组成的集合 A；右边方框里是由北京、伦敦、纽约、巴黎、华盛顿五个城市组成的集合 B。

要求是：把集合 A 中的各个国家，按照是"该国的首都"这种对应关系，选择集合 B 的元素，用箭头→依次连接起来。

稍有常识的人很快就能连接正确。

这种对应，叫做集合 A 到集合 B 的映射。

一般地，设 A，B 是两个集合，如果按照某种对应法则 f，对于集合 A 中的任何一个元素，在集合 B 中都有唯一的元素和它对应，这样的对应叫做从集合 A 到集合 B 的映射。

"映射"用符号"$f：A→B$"表示，读作"从 A 到 B 的映射"。

在映射号 $f：A→B$ 里，两个集合可以是数集、点集或其他的集合。不过，符号里的两个集合有先后顺序，$f：A→B$ 和 $f：B→A$ 是截然不同的两个映射。

"f"是表示对应法则的内容，它可以是运算法则，也可以是某种约定，包含的内容极其广泛。一般常用汉字表示，例如"加倍"，"取正弦"等，有的书上全部是用抽象的数学符号给出的。比如，设 T 是所有三角形组成的集合，R 是实数集，那么，对 T 中的任何一个元素，对应法则 f 是"求面积"，这个映射可记作：

$f：T \rightarrow R$。

这是从 T 到 R 的一个映射。

映射是集合论的基本方法之一。现代数学的许多重要概念都和映射密切相关。例如距离空间中的距离，赋范空间的范数，线性空间中的矩阵，微分和积分等都是映射。就拿积分来说吧，在现代积分概念中，是把积分看作是某个空间到实数内的满足一些公理的映射。所以映射的概念在现代数学中占有很重要的地位。

 **知识点**

集　合

　　集合是具有某种特定性质的事物的总体。这里的"事物"可以是人、物品，也可以是数学元素。例如：1. 分散的人或事物聚集到一起；使聚集，紧急。2. 数学名词。一组具有某种共同性质的数学元素：有理数的。3. 口号等等。集合在数学概念中有好多概念，如集合论：集合是现代数学的基本概念，专门研究集合的理论叫做集合论。康托（Cantor, G. F. P.，1845—1918，德国数学家）是集合论的创始者，目前集合论的基本思想已经渗透到现代数学的所有领域。

 **延伸阅读**

数　集

　　数学中一些常用的数集及其记法：全体非负整数组成的集合称为非负整数集（或自然数集），记作 N；

　　除零以外所有正整数组成的集合称为正整数集，记作 $N*$ 或 N_+（"＋"标在右下角）；

全体整数组成的集合称为整数集，记作 Z；

全体有理数组成的集合称为有理数集，记作 Q；

全体实数组成的集合称为实数集，记作 R；

全体实数和虚数组成的复数的集合称为复数集，记作 C；

另外还有无理数集等。

指　数

指数符号的种类繁多，且记法多样化。

我国古代数学家刘徽于《九章算术注》（263）内以幂字表示指数，且延用至今。我国古代称一数自乘为方，而乘方一词则于宋代以后才开始采用。于我国古代，一个数的乘方指数是以这个数于筹算（或记录筹算的图表）内的位置来确定的，而某位置上的数要自乘多少次是固定的，也可说这是最早的指数记号。

古埃及人以 $\wedge$ 表示一数自乘一次（莫斯科纸草书）。古希腊人丢番图以 Δ^r 表示 x^2，K^r 表示 x^3，$\Delta^r\Delta$ 表示 x^4，ΔK^r 表示 x^5 等。而阿拉伯人哈基则以词 mal 表示 x^2，ka^cb 表示 x^3，$m\bar{a}l\ m\dot{a}l$ 表示 x^4，$m\bar{a}l\ ka^cb$ 表示 x^5 等。

1572 年，意大利数学家邦别利（1526—1572）以 $\perp$ 表示未知量，以 $\underline{2}$ 表示其平方，以 $\underline{3}$ 表示其立方。1586 年，斯提文（1548—1620）分别以①②③表示上述之意，如 1③表示 x^3，2②表示 $2x^2$ 等。1591 年，韦达（1540—1603）把 A^2 及 A^3 分别记作 $A.\ quad$ 及 $A.\ cubum$。

至 17 世纪，具有现代意义的指数符号才出现。最初的，只是表示未知数之次数，但并无出现未知量符号。如卡塔尔迪于 1610 年出版的代数书中，以 $5\underset{}{\overset{}{\cancel{3}}}via\ 8\cancel{4}fa\ 40$ 表示 $5x^3.8x^4=40$。比尔吉则把罗马数字写于系数数字之上，以表示未知量次数，如以 $8\overset{vi}{+}12\overset{v}{-}9\overset{iv}{+}10\overset{iii}{+}3\overset{ii}{-}7\overset{i}{-}4$ 表示 $8x^6+12x^5-9x^4+10x^3+3x^2-7x-4$。其后，开普勒等亦采用了这符号。

罗曼斯开始写出未知量的字母，如以 A（4）$+B$（4）$+4A$（3）$inB+6A$（2）inB（2）$+4AinB$（3）表示 $A^4+B^4+4A^3B+6A^2B^2+4AB^3$。法国人埃里冈的记法大致相同，以系数在前指数在后的方式表示。如以 $a3$ 表示

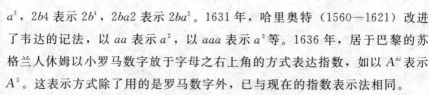

a^3，$2b4$ 表示 $2b^4$，$2ba2$ 表示 $2ba^2$。1631 年，哈里奥特（1560—1621）改进了韦达的记法，以 aa 表示 a^2，以 aaa 表示 a^3 等。1636 年，居于巴黎的苏格兰人休姆以小罗马数字放于字母之右上角的方式表达指数，如以 A^{iii} 表示 A^3。这表示方式除了用的是罗马数字外，已与现在的指数表示法相同。

一年后，笛卡儿以较小的印度—阿拉伯数字放于右上角来表示指数，如 $5a^4$，便是现今通用的指数表示法。不过，他把 b^2 写成 bb，并且只给出正整指数幂。其后虽有各种不同的指数符号，但他的记法逐渐流行，且只把 bb 写成 b^2，沿用至今。

分指数幂最早见于奥雷姆的《比例算法》一书内，他以 $\frac{1}{3}9^p$ 表示 $9\frac{1}{3}$，

笛卡儿

以 $\frac{1}{3}2^p$ 表示 $2\frac{1}{3}$。他和斯蒂文等人还提及过负指数幂，但正式的分指数和负指数都是英国人沃利斯（1616—1703）给出的，且他亦是西方最先采用负数指数的人。他在 1655 年出版的《无穷小算术》中载有："平方数倒数的数列 $\frac{1}{1}$，$\frac{1}{4}$，$\frac{1}{9}$，……的指数为 -2，……；平方根倒数的 $\frac{1}{\sqrt{1}}$，$\frac{1}{\sqrt{2}}$，$\frac{1}{\sqrt{3}}$，……的指数为 $-\frac{1}{2}$，……"，这是一大进步，只是他并无真正采用过 $a^{-1}=\frac{1}{a}$，

$a^+ = \sqrt{a^3}$ 等指数符号。

斯提文曾于 17 世纪以 $\frac{1}{2}$ 及 $\frac{1}{3}$ 分别表示平方根及立方根。但现行的分指数和负指数符号为牛顿创设的。他于 1676 年 6 月 13 日给伦敦皇家学会秘书长奥丁堡转交莱布尼茨的信中提到：因代数学家把 aa，aaa，$aaaa$ 写作 a^2，a^3，a^4 等，所以我把 $\sqrt{a}$，$\sqrt{a^3}$，$\sqrt[3]{a^5}$ 写作 a^+，a^+，a^+，又把 $\frac{1}{a}$，$\frac{1}{aa}$，$\frac{1}{aaa}$，写作 a^{-1}，a^{-2}，a^{-3}，把 $\frac{aa}{\sqrt{a^3+bbx}}$ 写作 $aa\times\sqrt[3]{a^3+bbx}\,|^{\cdot\,+}$。

最先采用虚数指数的是意大利人法尼亚诺（1682—1766），他于1719年发现了关系式 $\pi = 4\ln\left(\dfrac{1-\mathrm{i}}{1+\mathrm{i}}\right)^{+}$。而莱布尼茨更于1679年在写给惠更斯的信中讨论了方程：$x^x - x = 24$，$x^z + z^x = b$，$x^x + z^z = c$，且引入了变指数。

笛 卡 儿

　　笛卡儿（1596—1650），法国数学家、科学家和哲学家。他是西方近代资产阶级哲学奠基人之一。他的哲学与数学思想对历史的影响是深远的。人们在他的墓碑上刻下了这样一句话："笛卡儿，欧洲文艺复兴以来，第一个为人类争取并保证理性权利的人。"

相 对 数

　　一般的相对数，是两个有联系的指标的比值，它可以从数量上反映两个相互联系的现象之间的对比关系。相对数的种类很多，根据其表现形式可分为两类：一类是有名数，即凡是由两个性质不同而又有联系的绝对数或平均数指标对比计算所得的相对数，一般都是有名数，而且多用复合计量单位。另一类是无名数，无名数可以根据不同的情况分别采用倍数、成数、系数、百分数、千分数等来表示，如：人口出生率、死亡率等。

方 根

一个数自乘得出了它的平方。反过来问：什么数的平方等于一个已知数呢？

寻求开平方运算的方法，早就引起人们的注意了。在我国古书《九章算术》第四章"少广"篇里，就有了开平方、开立方计算的萌芽，这是我国古代数学家的非凡成就之一。

如果 $x^2 = a$，那么求 x 的运算叫做开平方，x 叫做平方根。一个正数的平方根有两个，记作 $\pm\sqrt{a}$，其中"$\sqrt{}$"叫做二次根号。

"$\sqrt{}$"的历史源远流长。

最初，曾用拉丁字母 R 并在后面跟上拉丁文"平方"一词的第一个字母 q，表示开平方。

例如现在的 $\sqrt{27}$，从前写作：

$R. q. 27$。

历史上常有这样的事，只要是被一些名人、学者肯定过的东西，即使是错误的也会被人们接受下来。比如说，现在使用的根号 $\sqrt{}$，数学家欧拉猜想"$\sqrt{}$"是由拉丁文 $radix$（根）的第一个字母 r 变形而来，这种说法流传了很长的时间。后来经过仔细的研究，证明不是。原来德国人在 1480 年前后，用一个点"·"表示平方根，如·3 就是 3 的平方根。到 16 世纪初，小点带上了一条尾巴变成为"－"，这可能是写快时带上的小尾，在此基础上演变成"$\sqrt{}$"表示平方根。

德国人鲁多尔夫是较早以"$\sqrt{}$"表示平方根的人之一。他于 1557 年引入"$\sqrt{}$"后，又以"$\sqrt[3]{}$"表示三次方根。

1637 年，笛卡儿的《几何学》中，出现了历史上第一个平方根号"$\sqrt{}$"，他写道："如果我想求 $a^2 + b^2$ 的平方根，就写作 $\sqrt{a^2 + b^2}$。"可能笛卡儿当时想到，当被开方数是一个多项式时，为了避免混淆，又在上面加一条括线"——"，左边又加了一个小钩，就是现在的根号了。

如果 $x^3 = a$，那么求 x 的运算叫做开立方，x 叫做立方根，记作 $\sqrt[3]{a}$，符号$\sqrt[3]{}$叫做三次根号。

关于开立方，最初曾用拉丁字母 R，后面跟上拉丁文"立方"的第一个字母 c 表示。例如现在的 $\sqrt[3]{5}$，从前写作：$R.c.5$。

德国人在 1480 年曾用"…"表示立方根。如"…5"就表示 5 的立方根。

1525 年，鲁道夫的代数书用 $w\sqrt{8}$ 表示 $\sqrt[3]{8}$。

1637 年，笛卡儿的《几何学》中首先采用了立方根号" $\sqrt[3]{}$ "，他写道："如果我想求 a^3+b^3 的立方根，就写作：$\sqrt[3]{a^3+b^3}$。"

一般地，如果 $x^n=a$，且 n 是大于 1 的自然数。那么求 x 的运算叫做开 n 次方，x 叫做 a 的 n 次方根。

当 n 是奇数时，a 可以是任何实数，用符号 $\sqrt[n]{}$ 表示一个方根。

当 n 是偶数时，a 可以是任何正数或零，用符号 $\pm\sqrt[n]{a}$，表示两个方根。

$\sqrt[n]{}$ 叫做 n 次根号。

当 n 依次取 2，3，4，…就得出二次根号，三次根号……这些根号都是 $\sqrt[n]{}$ 的特例。

鲁道夫

德国的鲁道夫·范科伊伦，他几乎耗尽了一生的时间，计算到圆的内接正 262 边形，于 1609 年得到了圆周率的 35 位精度值，以至于圆周率在德国被称为 Ludolph（鲁道夫）数。

竖式运算

像加减乘除一样，求平方根也有自己的竖式运算。以求 3 的算术平方根为例，过程如下图：解得 3 的算术平方根约为 1.732。

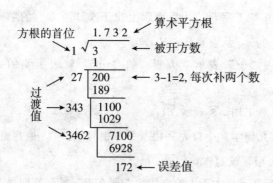

求算术平方根的竖式运算

1. 因为每次补数需要补两位，所以被开方数不只一个数位时，要保证补数不能夹着小数点。例如三位数，必须单独用百位进行运算，补数时补上十位和个位的数。

2. 每一个过渡数都是由上一个过渡数变化而后，上一个过渡数的个位数乘以 2，如果需要进位，则往前面进 1，然后个位升十位，以此类推，而个位上补上新的运算数字。

3. 误差值的作用。如果要求精确到更高的小数数位，可以按规则，对误差值继续进行运算。

$\bar{x}$ 平均数

某中学足球队的 20 名队员的身高测出如下（单位：厘米）：

170	167	171	168	160	172	168	162
172	169	164	174	169	165	175	170
165	167	170	172				

问足球队员的平均身高是多少？（精确到个位）

这个平均身高是：

$$\frac{170+167+\cdots+170+172}{20} \approx 169,$$

169 这个数就是 20 个人身高的平均数。

一般地，如果有 n 个数：x_1，x_2，…，x_n，那么

$$\frac{1}{n}(x_1+x_2+\cdots+x_n) \tag{1}$$

叫做这个 n 个数的平均数。

通常用符号"$\overline{x}$"表示平均数，读作"x 拔"。"拔"是英语"bar"的读音，含义是"横杠"的意思。

这样，(1) 式可以简化为：

$$\overline{x}=\frac{1}{n}\sum_{i=1}^{n}x_i \tag{2}$$

(2) 式是算术平均数的计算公式。

如果有两组数：x_1，x_2，…，x_n 和 y_1，y_2，…，y_n，它们的平均数分别用 $\overline{x}$，$\overline{y}$ 表示，那么一组新数：x_1+y_1，x_2+y_2，…，x_n+y_n 的平均数 $\overline{W}$ 是什么呢？

由 (1) 式知：

$$\overline{W}=\frac{1}{n}\big[(x_1+y_1)+(x_2+y_2)\big]+\cdots+(x_n+y_n)$$

$$=\frac{1}{n}(x_1+x_2+\cdots+x_n)+\frac{1}{n}(y_1+y_2+\cdots+y_n)$$

$$=\overline{x}+\overline{y}$$

在统计学里，像加权平均数，几何平均数，幂平均数，调和平均数等，这类平均数都可以用一个字母并在上面添加一条横杠"－"的方法来简化书写方式。例如：

在 n 个数中，x_1 出现 f_1 次，x_2 出现 f_2 次……x_k 出现 f_k 次，这里，$f_1+f_2+\cdots+f_k=n$，那么这 n 个数的平均数可以表示为：

$$\overline{x}=\frac{x_1f_1+x_2f_2+\cdots+x_kf_k}{n}，\text{可简记为：} \overline{x}=\frac{1}{n}\sum_{i=1}^{n}x_if_i。$$

这个数叫做加权平均数，其中 f_1，f_2，…，f_k 叫做"权"。

平均数就是从有波动的数据中，找出其变化规律的一种数学方法，它反映了数据的集中趋势。例如，20 个足球队员的平均身高是 169 厘米，反映了足球队员身高的集中位置。

作为表示平均数的符号 $\overline{x}$，在数学中要经常用到它，推广到物理学中的平均速度 $\overline{v}$，也是用这种办法记写的。

有趣的数学符号

知识点

幂

　　幂指乘方运算的结果。n^m指将n自乘m次（根据六下课本该式意义为m个n相乘）。把n^m看作乘方的结果，叫做n的m次幂。

　　数学中的"幂"，是"幂"这个字面意思的引申，"幂"原指盖东西的布巾，数学中"幂"是乘方的结果，而乘方表示的是通过在一个数字上加上标的形式来实现的，故这就像在一个数上"盖上了一头巾"，在现实中盖头巾又有升级的意思，所以把乘方叫做幂正好契合了数学中指数级数快速增长的含义，形式上也很契合，所以叫做幂。

 延伸阅读

调和平均数

　　调和平均数是平均数的一种。但统计调和平均数，与数学调和平均数不同。在数学中调和平均数与算术平均数都是独立的自成体系的。计算结果两者不相同且前者恒小于后者。因而数学调和平均数定义为：数值倒数的平均数的倒数。但统计加权调和平均数则与之不同，它是加权算术平均数的变形，附属于算术平均数，不能单独成立体系。且计算结果与加权算术平均数完全相等。主要是用来解决在无法掌握总体单位数（频数）的情况下，只有每组的变量值和相应的标志总量，而需要求得平均数的情况下使用的一种数据方法。

科学记数法符号

　　在实际演算中，科学家经常会遇到特别大的数，例如，在对宇宙的研

究中，要表示从地球到仙女座星云的距离，用普通写法，需要这样写：

8 050 000 000 000 000 000 千米   (1)

在天文计算中，天体间的距离往往不用千米，而用更小的单位厘米表示。这样一来，（1）式中这串数还得多五个零。

很容易明白，用这样大的天文数字来进行计算是何等的困难，而且又多么容易发生错误。

该怎样避免这个特别大的数字呢？

办法是这样的：用带一位整数的数和 10 的整数次幂乘积的形式，来表示这么大的数，这种办法叫做科学记数法。通常用"$a \cdot 10^n$"的形式表示，这里 n 是整数，$1 \leqslant a < 10$。

采用科学记数法，可以把（1）式中的数写成：

8.05×10^{18} 千米。又如，一个水分子的质量是：

0.000 000 000 000 000 000 000 003 3 克，

可以记作 3.3×10^{-24} 克。用科学记数法不仅节省了书写的篇幅，而且可以避免书写不慎造成的错误。

不仅如此，用科学记数法还便于确定有效数字的个数，进而分辨出该数的精确度。例如，1.800×10^3 表示有四位有效数字，其绝对误差界为 0.5；

1.80×10^3 表示有三位有效数字，其绝对误差界为 5；

1.8×10^3 表示有两位有效数字，其绝对误差界为 50；

采用科学记数法，便于进行演算。不论是笔算还是用计算机运算，能很快地确定小数点的位置。例如，计算：

$$\frac{10000 \times 46000 \times 0.00006}{200 \times 0.003}$$

$$= \frac{10^4 \times 4.6 \times 10^4 \times 6 \times 10^{-5}}{2 \times 10^2 \times 3 \times 10^{-3}}$$

$$= \frac{4.6 \times 6 \times 10^3}{2 \times 3 \times 10^{-1}} = 4.6 \times 10^4 。$$

可见，用科学记数法便于进行约分，加快了运算的速度和准确性。这种方法在工程技术和科学研究中，使比较难以计算的问题变得易于处理了，这是科学记数法的功劳。

有
趣
的
数
学
符号

天　体

天体是指宇宙空间的物质形体。天体的集聚，从而形成了各种天文状态的研究对象。天体，是对宇宙空间物质的真实存在而言的，也是各种星体和星际物质的通称。人类发射并在太空中运行的人造卫星、宇宙飞船、空间实验室、月球探测器、行星探测器、行星际探测器等则被称为人造天体。

有效数字

在一个近似数中，从左边第一个不是 0 的数字起，到精确到的位数止，这中间所有的数字都叫这个近似数字的有效数字。

例如：890314000 保留三位有效数字为 8.90×10^8；

839960000 保留三位有效数字为 8.40×10^8；

0.00934593 保留三位有效数字为 9.35×10^{-3}；

$0.004753 = 4.753 \times 1/1000 = 4.753 \times 10^{-3}$。

约定性符号

为了使数学语言更加简明、方便，数学里有一类约定性符号，它们专门表达某种约定的含义或某些特定的公式。

比如说，在几何证明过程中，"因为"和"所以"这两个词用得特别多，为了使论证格式简明，就用"$\because$"表示"因为"，用"$\therefore$"表示"所以"。

例如，$\because \angle 1 = \angle 2$，

∠3＝∠2，

∴∠1＝∠3。

有了这两个符号，在证明和计算中，就使前后的因果关系简明清楚了。

又如我们用简记符号"$S_{a+\beta}$"表示两角和的正弦公式：

$\sin(\alpha+\beta)=\sin\alpha\cos\beta+\cos\alpha\sin\beta$，即（$S_{a+\beta}$）。

用简记符号"$C_{a+\beta}$"表示两角和的余弦公式：

$\cos(\alpha+\beta)=\cos\alpha\cos\beta-\sin\alpha\sin\beta$，即（$C_{a+\beta}$）。

类似的简记公式还有 $S_{a-\beta}$，$C_{a-\beta}$，$T_{a\pm\beta}$，S_{2a}，C_{2a}，T_{2a} 等，都是为了简记公式的需要而引进的约定性符号。

如图，表示连续曲线 $y=f(x)$ 在区间 $[a, b]$ 上的图像，函数 $f(x)$ 在 $x=x_1$ 时有极大值 $f(x_1)$，可以记作：$\max f(x)=f(x_1)$。

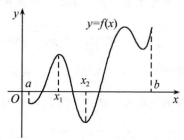

同样，函数 $f(x)$ 在 $x=x_2$ 时有极小值 $f(x_2)$，可以记作：$\min f(x)=f(x_2)$。

这里，max 是极大值号，是英文 maximunvalue（极大值）的缩写；min 是极小值号，是英文 minimunvalue（极小值）的缩写。

函　数

函数（function）表示每个输入值对应唯一输出值的一种对应关系。函数 f 中对应输入值的输出值 x 的标准符号为 $f(x)$。包含某个函数所有的输入值的集合被称做这个函数的定义域，包含所有的输出值的集合被称做这个函数的值域。若先定义映射的概念，可以简单定义函数为，定义在非空数集之间的映射称为函数。

符号 $\dfrac{0}{0}$

符号 $\dfrac{0}{0}$ 于现代数学分析教程中，表示分子分母同时趋向零之一种不确定的分式极限形式，简称"零分之零型的不定式"。

这形式之极限最早由法国数学家洛必达于他在 1696 年出版的《无穷小分析》中讨论，并给出了确定其极限值的洛必达法则。但他于这书中并没采用符号 $\dfrac{0}{0}$。其后，瑞士数学家约翰·伯努利继续研究这种不定式，初时采用 $\dfrac{a0}{0}$，$\dfrac{0a}{0}$ 及 $\dfrac{0m}{0n}$ 等形式的符号，至 1730 年才采用符号 $\dfrac{0}{0}$。

法国数学家克莱姆于 1732 年 2 月 22 日写给英国数学家斯特灵的信内，亦以 $\dfrac{0}{0}$ 表示零分之零型的不定式。这符号于 1754 年再度出现于法国数学家达朗贝尔写给《百科全书》的条目《微分》中。至 19 世纪上半叶，这符号已普遍地为人所采用，直至现在。

米，分米，厘米，毫米

要表示一个人的身高，通常用米作单位来度量。这里所说的米，就是一个长度单位。

人类文化发展的初期，长度单位往往是人们在生活环境中取定的。有的以人体的某一部分长度为单位，也有的以某种实物为单位。

相传 1011 年，英国皇帝亨利曾用他的臂长为单位，定为 1 码，以成年人的足长为单位，定为 1 英尺。

我国历史上，曾用过"步"作为长度单位。有"一步合五尺，千步为一里"的说法。

以上这些天然的度量方法，显然是不够准确的，也是不科学的。人们在不断地探求更科学的长度单位。

1790年，法国国民议会决定选择一套合于世界通用的度量制度。他们成立了以数学家拉格朗日等人为领导的委员会。该委员会决定采用巴黎子午线长度的四千万分之一为一个基本单位。1799年，在数学家拉普拉斯的具体策划下，完成了测量和拟定工作。并准备了标准白金模型，在棒上刻了两条细线为刻度。规定在0℃时，两条细线间的距离为1米。

为了记写单位方便，用字母"m"表示"米"。米是最基本的长度单位。

拉格朗日

在公制长度单位里，米以下还有分米、厘米、毫米等长度单位，它们分别用"dm""cm""mm"表示。长度单位是十进制的，例如：

$1m=10dm$，

$1dm=10cm$，

$1cm=10mm$。

人们以长度单位为基础，能进一步表示面积单位和体积单位。

在公制单位里，面积用平方米、平方分米、平方厘米等为单位，它们分别用"m^2""dm^2""cm^2"表示。

面积单位是百进制的，例如：

$1m^2=100dm^2$，

$1dm^2=100cm^2$。

在公制单位里，体积用立方米、立方分米、立方厘米等单位，它们分别用"m^3""dm^3""cm^3"等表示。

体积单位是千进制的，例如：

$1m^3=1000dm^3$，

$1dm^3=1000cm^3$。

在实际应用中，要根据具体的情况，恰当地选用不同的度量单位。

有趣的数学符号

皇 帝

皇帝，古时最高统治者的称号。在中国，皇帝最早是皇、帝的合称。"皇者，大也，言其煌煌盛美。帝者，德象天地，言其能行天道，举措审谛。"又《春秋繁露》："德侔天地者，称皇帝。"所以人们考量上古时的贤君，根据他们各自的功绩，将能够配得上皇、帝之称的八人合称为"三皇五帝"。但此时皇、帝还分别为两个称号，不同时用于一人身上。首次将二者合并，作为国家最高统治者的称号则始于秦始皇。至此后，皇帝一词正式成为中国古代王朝最高统治者的专称。近代以来，"皇帝"也是对部分强大帝国的国君的翻译，对应的英语单词是 Emperor。

皇，古为上天，光明之意，"因给予万物生机谓之皇"；

帝者，生物之主，兴益之宗，"因其生育之功谓之帝"。

皇为上，帝为下，古人的皇帝意指天地，而皇帝一词则是告诉人们，天地是万物之主。

中国古代最早所称的"皇帝"是对"三皇五帝"的统称。三皇指天皇、地皇和人皇，是传说中的三个古代帝王；"帝"原来指宇宙万物至高无上的主宰者——天帝，后来许多国家混战，各自称帝，出现西帝、东帝、中帝、北帝等，使天上的"帝"来到人间，成为超越"王"的人间尊号。（也有说是部落时期的黄帝、炎帝、蚩尤等）。

秦始皇统一全国后，自认为是"德兼三皇，功过五帝"，将"皇"、"帝"两个人间最高的称呼结合起来，为自己的帝号，从此天子称为皇帝。

 **延伸阅读**

天文长度单位

天文单位（英文：Astronomical Unit，简写 AU）是一个长度的单位，约等于地球跟太阳的平均距离。天文常数之一。天文学中测量距离，特别是测量太阳系内天体之间的距离的基本单位，地球到太阳的平均距离为一个天文单位。一天文单位约等于 1.496 亿千米。1976 年，国际天文学联会把一天文单位定义为一颗质量可忽略、公转轨道不受干扰而且公转周期为 365.2568983 日（即一高斯年）的粒子与一个质量相等约一个太阳的物体的距离。当前被接受的天文单位是 149 597 870 691±30 米（约 1.5 亿千米或 9300 万英里）。

当最初开始使用天文单位的时候，它的实际大小并不是很清楚，但行星的距离却可以借着日心几何及行星运动法则以天文单位做单位来计算出来。后来天文单位的实际大小终于透过视差，以及近代用雷达来准确地找到。虽然如此，因为引力常数的不确定（只有五六个有效位），太阳的质量并不能够很准确。如果计算行星位置时使用国际单位，其精确度在单位换算的过程中难免会降低。所以这些计算通常以太阳质量和天文单位作单位，而不用千克和千米。

一个天文单位的距离，相当于地球到太阳的平均距离，约 1.496×10^8 km。

函数符号

知道了圆的周长，就能算出它的面积。

为什么能算出来呢？因为圆的周长和它的面积这两个数量之间有联系。

有联系，是不是就一定能算出来呢？

平行四边形的周长和它的面积之间有没有联系呢？总不能说没有。但是，仅知道平行四边形的周长，你却算不出它的面积来。

欧　拉

可见，两个量之间仅有联系是不够的，还必须有确定性的联系。圆的周长可以确定它的面积，它们之间有确定性的联系。平行四边形的周长和面积之间虽然有联系，可是这种联系不是确定性的关系。

这种反映两种量的确定性联系的数学关系，就是函数概念的基本思想。

从历史上来看，人们对函数关系的认识，经历了从低级到高级的演变过程：

在欧洲，函数（function）这一名词，是微积分的奠基人莱布尼茨首先采用的。他在 1692 年发表的数学论文中，就应用了函数这一概念。不过，莱布尼茨仅用函数一词表示幂，即 x，x^2，x^3……，其后他用函数一词表示曲线上点的横坐标，纵坐标，切线长等与曲线上点相关的某些几何量。

1718 年，瑞士数学家伯努利使用变量概念给出了不同于几何形式的函数定义：函数就是变量和常量以任何方式组成的量。伯努利还采用了莱布尼茨"x 的函数"一词作为这个量的名称，首先用符号"$\emptyset x$"作为函数的记号。

数学家欧拉在其著作《无穷小分析引论》中，把凡是给出解析式表示的变量，统称为函数。1734 年，欧拉首先创用了符号"$f(x)$"作为函数的记号。$f(x)$ 中的字母"f"取自 function（函数）的第一个字母。

其实，欧拉关于函数的定义，并没有真正揭示出函数概念的实质。

德国数学家狄利克勒在总结前辈数学家工作的基础上，在 1837 年给出了至今还常用的函数的定义：

如果对于给定区间上的每一 x 的值，都有唯一的 y 值与它对应，那么 y 是 x 的函数。用符号记作：$y=f(x)$。

随着数学的不断进步和完善，当 19 世纪集合论出现后，函数也是映射，是数集合到数集合的映射：

设 A，B 都是非空的数的集合，f 是从 A 到 B 的一个对应法则，那么 A 到 B 的映射 f：$A \rightarrow B$，就叫做 A 到 B 的函数。记作：$y = f(x)$，其中 $x \in A$，$y \in B$。

1859 年，清代数学家李善兰在翻译《代数学》一书时，把函数概念介绍到我国。这本书中说："凡式中含天，为天之函数。"这句话的意思是：凡一个式子含有 x，则称为关于 x 的函数。函数中的"函"字有着包含的意思。

函数 $y = f(x)$ 是个比较抽象的数学符号。$y = f(x)$ 是表示"y 是 x 的函数"这句话的数学表达式，而不是 f 与 x 的乘积。

在研究同一问题的过程中，等式 $y = f(x)$，$h = f(t)$，$m = f(n)$ …… 表示完全相同的对应法则。至于自变量、函数用什么字母表示是无关紧要的。

但是，同一个问题的不同的对应法则，就应当由不同的字母表示。例如，$y = \varphi(x)$，$y = G(x)$，$y = D(x)$，$y = U(x)$ 等，这是不同的函数符号。

数学概念常用数学符号表示，这是数学的特点，又是数学的优点。在运用函数符号 $f(x)$ 时，要防止概念与符号 $f(x)$ 脱节。例如，要通过理解 $f(a)$ 的意义从侧面加深对 $f(x)$ 的理解。

$f(a)$ 不能简单地说成是当 $x = a$ 时，$f(x)$ 的函数值。因为只有当 $x = a$ 是 $f(x)$ 定义域的某个值时，$f(x)$ 才有意义，才能称为函数值的记号。比如：$f(x) = x^2 - 1$（$-1 < x < 1$），那么 $f(2) = 3$ 就不能是 $x = 2$ 时 $f(x) = x^2 - 1$ 的值，因 $x = 2$ 已不是定义域 $-1 < x < 1$ 里面的变量了。

其次，要从反面理解 $f(x)$ 的意义。

如果已知 $f(x+1) = x^2 + 4x - 5$，那么能不能说 $f(y) = y^2 + 4y - 5$ 呢？

不行！

因为 $f(x+1) = x^2 + 4x - 5 = (x^2 + 2x + 1) + (2x + 2) - 8 = (x+1)^2 + 2(x+1) - 8$，得到的对应函数应为：

$f(y) = y^2 + 2y - 8$。

函数是数学中的重要概念之一，在学习时要从正面、侧面和反面明确符号 $f(x)$ 的含义和实质。

知识点

微积分

微积分（Calculus）是高等数学中研究函数的微分、积分以及有关概念和应用的数学分支。它是数学的一个基础学科。内容主要包括极限、微分学、积分学及其应用。微分学包括求导数的运算，是一套关于变化率的理论。它使得函数、速度、加速度和曲线的斜率等均可用一套通用的符号进行讨论。积分学，包括求积分的运算，为定义和计算面积、体积等提供一套通用的方法。

 延伸阅读

复变函数论

复变函数论产生于 18 世纪。1774 年，欧拉在他的一篇论文中考虑了由复变函数的积分导出的两个方程。而比他更早时，法国数学家达朗贝尔在他的关于流体力学的论文中，就已经得到了它们。因此，后来人们提到这两个方程，把它们叫做"达朗贝尔—欧拉方程"。到了 19 世纪，上述两个方程在柯西和黎曼研究流体力学时，作了更详细的研究，所以这两个方程也被叫做"柯西—黎曼条件"。

复变函数论的全面发展是在 19 世纪，就像微积分的直接扩展统治了 18 世纪的数学那样，复变函数这个新的分支统治了 19 世纪的数学。当时的数学家公认复变函数论是最丰饶的数学分支，并且称为这个世纪的数学享受，也有人称赞它是抽象科学中最和谐的理论之一。

为复变函数论的创建做了最早期工作的是欧拉、达朗贝尔，法国的拉普拉斯也随后研究过复变函数的积分，他们都是创建这门学科的先驱。

后来为这门学科的发展作了大量奠基工作的要算是柯西、黎曼和德国数学家维尔斯特拉斯。20 世纪初，复变函数论又有了很大的进展，维尔斯特拉斯的学生，瑞典数学家列夫勒、法国数学家彭加勒、阿达玛等都做了大量的研究工作，开拓了复变函数论更广阔的研究领域，为这门学科的发展作出了贡献。

复变函数论在应用方面，涉及的面很广，有很多复杂的计算都是用它来解决的。比如物理学上有很多不同的稳定平面场，所谓场就是每点对应有物理量的一个区域，对它们的计算就是通过复变函数来解决的。

比如俄国的茹柯夫斯基在设计飞机的时候，就用复变函数论解决了飞机机翼的结构问题，他在运用复变函数论解决流体力学和航空力学方面的问题上也作出了贡献。

复变函数论不但在其他学科得到了广泛的应用，而且在数学领域的许多分支也都应用了它的理论。它已经深入到微分方程、积分方程、概率论和数论等学科，对它们的发展很有影响。

∞ 无穷大量号

看了这个标题，你也许会说：任意大的数就是无穷大量，这不是很明白的吗？

凭常识来判断无穷大量，容易产生错觉。

你看，咱们居住的地球可不算小了，它的半径约为 6 371 千米。太阳要比地球大得多，它的半径是地球半径的 109 倍。但是，在宇宙问题的研究中，它还是一个很小的数。例如，太阳和地球相距 15×10^7 千米，坐一架每小时 1 000 千米的飞机奔向太阳，要 15 年的时间。牛郎、织女星离我们就更远了。已知光每秒跑 3×10^5 千米。一年的时间约行 9×10^{12} 千米，天文学上叫做 1 光年。牛郎星距地球 16 光年，织女星距地球 27 光年，它们之间以 16 光年的距离，隔河相望。

上面所说的几个天文数字，一个比一个大得惊人，这算不算无穷大量呢？

不能这样说。

例如函数 $y = \tan x$ 的图象，由图可知，当 x 由小于 $\frac{\pi}{2}$ 的正值，趋近于

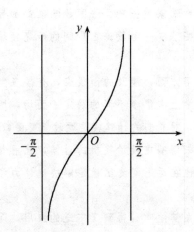

$\frac{\pi}{2}$ 时，$\tan x$ 的值一直保持正值，而且无限制地增大。数学里把这样的变量叫做无穷大量。一般地说，对于某一变量 x 来说，在变化过程中，它的绝对值从某一时刻开始，并且以后一直保持大于预先给定的任意大的正数 M，则变量 x 称为无穷大量。

"无穷大量"用"∞"表示，读作"无穷大"。

无穷大量虽然没有极限，但有时能用极限的形式来表示。例如：

若变量在某一时刻后永远取正值，记作：

$\lim x = +\infty$。

若变量在某一时刻后永远取负值，记作：

$\lim x = -\infty$。

有人说，无穷大量是个非常大的数，这是一种误解。无穷大量是一个变量，符号"∞"是描述变量变化状态的符号。而任意大的正数，是人为去寻找的，要多么大就多么大，但无论多大，都是一个确定的数。

有人会问：$(+\infty) + (-\infty) = 0$，$\frac{+\infty}{+\infty} = 1$，这两个等式对吗？

不对。因为"∞"是表示无穷大量的符号，在应用时，不能和普通数的运算混为一谈。

织 女 星

织女星是一个椭球形的恒星，北极部分呈淡粉红色，赤道部分偏蓝。因其自转速度较快（经测定，织女星每12.5小时自转一周），所以整颗恒星呈扁平状，赤道直径比两极大了23%。它位于赤经：$18h36m56.3s$，赤纬：$+38°47m1.0s$。

织女星的直径是太阳直径的3.2倍，体积为太阳的33倍，质量为太阳2.6倍，表面温度为8 900℃，呈青白色。它是北半球天空中三颗最亮的恒星之一，距离地球大约26.5光年。

织女星的光谱分类为A0V，其温度比天狼星的A1V高一点。它仍于于主序星阶段，并通过把核心内的氢，聚变成氦来发光发热。此外，织女星的质量为太阳的2.6倍，由于质量越高的恒星，其消耗燃料的速度也较快，织女一每秒放出的能量相当于太阳的51倍，因此织女星的寿命仅为10亿年，即太阳寿命的1/10。

它是天琴座最亮的星，织女星和附近的几颗星连在一起，形成一架七弦琴的样子，西洋人把它叫做天琴座。它目前以每秒14千米的速度移近太阳。

1.3万多年以前，织女星曾经是北极星，由于地轴的运动，现在的北极星是小熊座α星。然而，再过1.2万年以后，织女星又将回到北极星的显赫位置上。经科学家推算，在大约公元14000年前后，北天极将指向织女星，届时织女星将取代少卫增八（仙王座γ星）成为北极星，南极星也将移到目前天空中的第二亮星"老人星"位置。

有趣的数学符号

无穷大量的比较法

康托时代，建立了对等比较法，认为由于自然数集，可以和偶数集建立——对应关系，所以自然数和偶数集等势。又用对角线法，证明实数集比自然数集大。

但是对等的方法，只能在有限集比较中有效。扩展到无限集是不可信的。

例："问：某班学生人数与教室的凳子数哪个多？最笨但也最显然的方法是规定每个学生都去坐在凳子上，而且一个学生只能坐一张凳子。最后，如果有学生没坐到凳子，那么便是学生多。如果最后有凳子空着，那么便是凳子多。"

如果是有限数量，可以用一对一的方法比较，无限数量则不行。

假设来个副校长，要求每两个学生坐一个凳子，然后他检查了教室一、教室二、教室三……他看到的每个教室都是如此，后面的教室他认为不用检查了（或根本不可能检查完——无穷的概念），于是他宣布，本学校凳子数量，正好是学生数量的一半。

第二天，又来个副校长，要求每个学生坐一个凳子，然后他检查了教室一、教室二、教室三……他看到的每个教室都是如此，后面的教室他认为不用检查了（或根本不可能检查完——无穷的概念），于是他宣布，本学校凳子数量，正好等于学生数量。

两位自以为是的校长都有可能是对的，也可能是错的，方法不对。

在有限集的比较过程中，关键不在建立了怎样的对应关系，关键在于我们要比较到最后，至少一个集合结束了，而另一个集合中元素数量已经超过对比集合数量，而且还没结束，我们才能证明一个集合建立的对应关系比另一个集合数量多。

自然数集中可以抽出偶数集，跟偶数集完全一一对应，而自然数集还有剩余元素，因此我们可以得到结论：自然数集比偶数集多。

lim 极限号

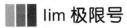

我国战国时代有一位精于辩论的人叫惠施。他说："一尺之棰，日取其半，万世不竭。"意思是说，一根一尺长的棍子，每天把它断为两半，取走其中的一半，千秋万代也取不完。

请看，第一天取走 $\frac{1}{2}$ 尺，剩下 $\frac{1}{2}$ 尺；第二天取走 $\frac{1}{2}$ 尺的 $\frac{1}{2}$，剩下 $\frac{1}{4}$ 尺；这样继续分下去，剩下的棍子的长是 $\frac{1}{8}$ 尺，$\frac{1}{16}$ 尺，$\frac{1}{32}$ 尺……虽然越分越短，可就是分不完，也取不完。

在此过程中，我们得到一串有序实数：

$$1, \frac{1}{2}, \frac{1}{4}, \frac{1}{8}, \cdots, \frac{1}{2^n}, \cdots。$$

这一串有顺序实数叫做数列，其中每一个数叫做数列的项。

这个数列的特点是数值越变越小，越变越靠近零，近到要多近就有多近的程度，这是说数列的极限是 0。

什么是数列的极限呢？

对于数列 a_1，a_2，$\cdots$，a_n，$\cdots$，A 是

惠 施

一个常数，对于任意给定的正数 ε，如果总存在自然数 N，当 $n > N$ 时，不等式

$$|a_n - A| < \varepsilon$$

恒能成立，就说 A 是数列 $\{a_n\}$ 的极限。记作：

$$\lim_{n \to \infty} a_n = A \text{ 或者 } a_n \to A。$$

这里，"极限"用"lim"表示，它源于拉于文 limes（极限）的前三个字母。

项数 n 在变化过程中无限增大这个事实，用符号"$n \to \infty$"表示，其中 → 读作"趋向于"。

$a_n \rightarrow A$ 是表示极限的第二种方法。

表示极限的两种记号：$\lim\limits_{n \to \infty} a_n = A$ 和 $a_n \rightarrow A$，是同一件事的两种不同的表达方式，但它们的着眼点是有区别的：

$a_n \rightarrow A$ 是说 a_n 无限逼近于 A，这里是先有一个常数 A 用数列 a_n 去逼近它，a_n 是 A 的近似值；而 $\lim\limits_{n \to \infty} a_n = A$ 是说先有一个数列 $\{a_n\}$，而求出了它的极限是 A。

求极限是数学中的一项重要运算。但它和一般的代数运算不同。比如上面讨论的数列 $\left\{\dfrac{1}{2^n}\right\}$，从第一项开始数下去，永远也数不完，可谓万世不竭了。这表明不论项数 n 怎么大，$\dfrac{1}{2^n}$ 永远不能为 0，只能是 0 的近似值。不同的自然数 n，$\dfrac{1}{2^n}$ 与 0 的近似程度不同，保持了近似值的相对稳定，不会发生质的变化。但是，当项数 n 无限增大时，相应的数列 $\left\{\dfrac{1}{2^n}\right\}$ 的变化出现了质的飞跃，得出 $\lim\limits_{n \to \infty} \dfrac{1}{2^n} = 0$。

可见，极限运算是事物运动变化由量变到质变这个辩证规律在数学上的反映。因此说极限方法是人们从有限中认识无限，从近似中认识精确的一种数学方法。

用极限号"lim"可以简明地表达极限的运算法则：

设 $\{a_n\}$，$\{b_n\}$ 是两个数列，如果 $\lim\limits_{n \to \infty} a_n = A$，$\lim\limits_{n \to \infty} b_n = B$，那么

$$\lim_{n \to \infty} (a_n \pm b_n) = \lim_{n \to \infty} a_n \pm \lim_{n \to \infty} b_n = A \pm B;$$

$$\lim_{n \to \infty} (a_n \cdot b_n) = \lim_{n \to \infty} a_n \cdot \lim_{n \to \infty} b_n = A \cdot B;$$

$$\lim_{n \to \infty} \frac{a_n}{b_n} = \frac{\lim\limits_{n \to \infty} a_n}{\lim\limits_{n \to \infty} b_n} = \frac{A}{B} \quad (B \neq 0).$$

求极限时，除了要正确地运用极限运算法则外，还要学会应用符号 lim 的技巧。

例如，计算 $\lim\limits_{n \to \infty} \dfrac{2n+1}{3n+2}$。

当 n 无限增大时，分式 $\dfrac{2n+1}{3n+2}$ 的分子和分母都无限增大，不存在极限，所以不能直接用商的运算法则。但是，当 $n \rightarrow \infty$ 时，

$$\frac{2n+1}{n}=2+\frac{1}{n}\to 2;$$

$$\frac{3n+2}{n}=3+\frac{2}{n}\to 3。$$

因此，求 $\lim\limits_{n\to\infty}\dfrac{2n+1}{3n+2}$ 时，首先将分式的分子与分母同除以 n，其次，再应用极限运算法则，即

$$\lim_{n\to\infty}\frac{2n+1}{3n+2}=\lim_{n\to\infty}\frac{2\frac{1}{n}}{3\frac{2}{n}}=\frac{\lim_{n\to\infty}\left(2+\frac{1}{n}\right)}{\lim_{n\to\infty}\left(3+\frac{2}{n}\right)}=\frac{2}{3}。$$

前面曾以数列的极限为例介绍了极限的定义，但人们对极限概念的认识，却经历了一个逐步精确化的过程。

公元 3 世纪，我国数学家刘徽根据圆内接正多边形面积，当边数越来越多时接近于圆的面积这一思想，成功地推算出了圆周率的近似值，他的"割圆术"就孕育了极限概念的思想。17 世纪，以牛顿为代表的数学家在创立微积分学时，还没有严格的极限定义。牛顿用路的改变量 Δs 与时间的改变量 Δt 之比 $\dfrac{\Delta s}{\Delta t}$ 表示运动物体的平均速度，让 Δt 逐渐减小为零，得出了物体在时刻 t_0 的瞬时速度，并由此引出了导数的概念。到这时为止，极限作为数学概念，它只用到直观性的描述：

数列极限：对于数列 $\{a_n\}$，如果当 x 无限地接近于 x_0 时，$f(x)$ 无限地接近于常数 A，那么就说 $f(x)$ 以 A 为极限。

显然这种直观性的描述可以毫不费力地用来说明微积分学中的许多定理。但是，如果用来证明，问题就来了，因为这些证明的逻辑基础是极限，而用直观性的语言作为证明在数学上是不能承认的。正因为极限在当时还没有严格的定义，微积分的理论曾一度被人怀疑和攻击。例如在瞬时速度概念中，使当时的数学家在 Δt 等于零和不等于空之间进退两难。有个大主教名字叫贝克莱的人说，Δt 是消失了数量的"量的鬼魂"，这让贝克莱钻了空子。为了解决微积分理论的定义是：设 $f(x)$ 是一个函数，A 是一个常数。如果对于任意给定的正数 ε，总存在一个正数 δ，使得当 $0<|x-x_0|<\delta$ 时，不等式 $|f(x)-A|<\varepsilon$ 恒能成立，那么就说当 x 无限趋近 x_0 时 $f(x)$ 以 A 为极限。

柯西的定义引用了不等式，定量地而不是定性地叙述无穷变化的过程，用做数学证明严格的，这个定义一直沿用至今。

知识点

惠　施

惠施是宋国（今河南商丘市）人，但他最主要的行政地区是魏国（今河南开封市），惠施是合纵抗秦的最主要的组织人和支持者。他主张魏国、齐国和楚国联合起来对抗秦国，并建议尊齐为王。魏惠王在位时，惠施因为与张仪不和而被驱逐出魏国，他首先到楚国，后来回到家乡宋国，并在那里与庄子成为朋友。公元前319年魏惠王死后，由于东方各国的支持，魏国改用公孙衍为相国，张仪失宠离去，惠施重回魏国。

作为合纵的组织人，他在当时各个国家里都享有很高的声誉，因此经常为外交事务被魏王派到其他国家，曾随同魏惠王到齐的徐州，朝见齐威王。他为魏国制定过法律。惠施的著作没有能够流传下来，因此他的哲学思想只有通过其他人的转述而为后人所知。其中最重要的是他的朋友庄子的著作中提到的他的思想。其中最主要的有"历物十事"。他主张广泛地分析世界上的事物来从中总结出世界的规律。除了《庄子》外，《荀子》、《韩非子》、《吕氏春秋》等书中也有对他思想的记载。

极限思想的思维功能

极限思想在现代数学乃至物理学等学科中有着广泛的应用，这是由它本身固有的思维功能所决定的。极限思想揭示了变量与常量、无限与有限的对立统一关系，是唯物辩证法的对立统一规律在数学领域中的应用。借助极限思想，人们可以从有限认识无限，从"不变"认识"变"，从直线形认识曲线形，从量变认识质变，从近似认识精确。

无限与有限有本质的不同，但二者又有联系，无限是有限的发展。无限个数的和不是一般的代数和，把它定义为"部分和"的极限，就是借助于极限的思想方法，从有限来认识无限的。

"变"与"不变"反映了事物运动变化与相对静止两种不同状态，但它们在一定条件下又可相互转化，这种转化是"数学科学的有力杠杆之一"。例如，要求变速直线运动的瞬时速度，用初等方法是无法解决的，困难在于速度是变量。为此，人们先在小范围内用匀速代替变速，并求其平均速度，把瞬时速度定义为平均速度的极限，就是借助于极限的思想方法，从"不变"来认识"变"的。

曲线形与直线形有着本质的差异，但在一定条件下也可相互转化，正如恩格斯所说："直线和曲线在微分中终于等同起来了"。善于利用这种对立统一关系是处理数学问题的重要手段之一。直线形的面积容易求得，求曲线形的面积问题用初等的方法是不能解决的。刘徽用圆内接多边形逼近圆，一般地，人们用小矩形的面积来逼近曲边梯形的面积，都是借助于极限的思想方法，从直线形来认识曲线形的。

量变和质变既有区别又有联系，两者之间有着辩证的关系。量变能引起质变，质和量的互变规律是辩证法的基本规律之一，在数学研究工作中起着重要作用。对任何一个圆内接正多边形来说，当它边数加倍后，得到的还是内接正多边形，是量变而不是质变；但是，不断地让边数加倍，经过无限过程之后，多边形就"变"成圆，多边形面积便转化为圆面积。这就是借助于极限的思想方法，从量变来认识质变的。

近似与精确是对立统一关系，两者在一定条件下也可相互转化，这种转化是数学应用于实际计算的重要诀窍。前面所讲到的"部分和"、"平均速度"、"圆内接正多边形面积"，分别是相应的"无穷级数和"、"瞬时速度"、"圆面积"的近似值，取极限后就可得到相应的精确值。这都是借助于极限的思想方法，从近似来认识精确的。

双曲函数符号

意大利人 V·里卡蒂是最先引入双曲函数的人，他于 1757 年引入此类函数的同时，亦分别以 Shx 及 Chx 表示 x 的双曲正弦及双曲余弦。此外，他还以 $\dfrac{-2}{\text{Ch}\mu}——\dfrac{-2}{\text{Ch}\mu}=r^2$ 表示现在的 $\text{ch}^2 x - \text{sh}^2 x = 1$。

到了 1768 年，兰伯特进一步发展了双曲函数，他分别以 $\sinh(k-y)$ 及 $\cosh k$ 表示双曲正弦及双曲余弦，即以普遍三角函数符号加上字母 h 表示双曲函数。

1774 年，索兰分别以 s.h., c.h., t.h. 及 cot.h. 表示双曲正弦，双曲余弦，双曲正切及双曲余切。他的符号除了多两点以外，大致与现代的符号相同。他给出公式。

$$\text{c. h. n. } x. = \frac{(\text{c. h. } x + \text{s. h. } x)^n + (\text{c. h. } x - \text{s. h. } x)^n}{2. \, r^{n-1}}$$

1857 年，塞雷分别以 Sin. h. x，cosh. x，及 tang. h. x 表示双曲正弦、双曲余弦及双曲正切。乌埃尔则以 Sh、Ch 及 Th 表示相同之意。后来，很多人也用这符号。1878 年，克利福德采用 hs、hc 及 ht 表示上述之意，但用时亦采用了 sh、ch 及 th 分别表示双曲正弦、双曲余弦及双曲正切，后一种记号渐为广泛采用，直至现在。

乌埃尔同时亦采用了 ArgSh、ArgCh 及 ArgTh 分别表示反双曲正弦、反双曲余弦及反双曲正切函数，其后许多人也这样用。后来于书写时逐渐减去了字母"g"，双曲函数符号也采用了克利福德式的，同时亦形成了现代反双曲函数符号：Arsh，Arch，Arth 等等。

知识点

公 式

在自然科学中用数学符号表示几个量之间关系的式子。具有普遍性，适合于同类关系的所有问题。在数理逻辑中，公式是表达命题的形式语法对象，除了这个命题可能依赖于这个公式的自由变量的值之外。公式精确定义依赖于涉及到的特定的形式逻辑，但有如下一个非常典型的定义（特定于一阶逻辑）：公式是相对于特定语言而定义的；就是说，一组常量符号、函数符号和关系符号，这里的每个函数和关系符号都带有一个元数（arity）来指示它所接受的参数的数目。

三角学起源

现代三角学一词最初见于希腊文。最先使用 Trigonometry 这个词的是皮蒂斯楚斯（1516—1613），他在 1595 年出版一本著作《三角学：解三角学的简明处理》，创造了这个新词。它是由 $\tau\rho\iota\gamma\omega\nu\upsilon\upsilon$（三角学）及 $\mu\varepsilon\tau\rho\varepsilon\iota\upsilon$（测量）两字构成的，原意为三角形的测量，或者说解三角形。古希腊文里没有这个字，原因是当时三角学还没有形成一门独立的科学，而是依附于天文学。因此解三角形构成了古代三角学的实用基础。

早期的解三角形是因天文观测的需要而引起的。还在很早的时候，由于垦殖和畜牧的需要，人们就开始做长途迁移；后来，贸易的发展和求知的欲望，又推动他们去长途旅行。在当时，这种迁移和旅行是一种冒险的行动。人们穿越无边无际、荒无人烟的草地和原始森林，或者经水路沿着海岸线做长途航行，无论是那种方式，都首先要明确方向。那时，人们白天拿太阳做路标，夜里则以星星为指路灯。太阳和星星给长期跋山涉水的商队指出了正确的道路，也给那些沿着遥远的异域海岸航行的人指出了正确的道路。

就这样，最初的以太阳和星星为目标的天文观测，以及为这种观测服务的原始的三角测量就应运而生了。因此可以说，三角学是紧密地同天文学相联系而迈出自己发展史的第一步的。

有意思的运算符号

在一般人的思维中，运算符号就是干巴巴的符号。枯燥、深奥、难懂几乎成了它们的标签，但是，不是所有的运算符号都是枯燥无趣的。有一些运算符号，不但浅显，而且还很有意思，运用起来，不禁叫人连连称奇。

任何事物都有两面性，运算符号也不例外。

大多数人都先入为主地认为，复杂、枯燥就是运算符号的常态。其实，任何事物都有另一面，在200多种运算符号中，不全是叫人摸不着头脑的复杂符号，也有许多符号，人们一学就会，而且还会叫人乐此不疲。

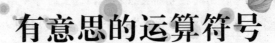

缘何－（－5）＝5

史料记载，我国古时候的加减符号和现在是不同的。

起初，这两个符号并不是表示运算符号的加号（＋）和减号（－），而是用来表示量的多少，比如＋1表示多1个，－2表示少2个。

＋和－这两个符号具有两种不同的含义。一种是像＋6的＋、－3的－，表示数字的正值和负值。另一种是作为运算符号在计算中使用。

在2＋6中，＋是表示"2和6相加"的运算符号。在"9－3"中，"－"是表示"从9中减去3"的运算符号。但是，在像2－6＝－4这样的算式中就不那么简单了。等号左边的－是运算符号的减号，等号右边的－是代表负值的符号。

一般情况下，正数前的"＋"号是被省略的。例如，正8，写成8而不是＋8，也不会写成2＋6＝＋8。由于数学基本上是以"简单最好"为原则的，在不造成混淆的前提下，能省略的部分都可以被省略，因此，只要能够明确表明正数和负数的区别，写上－号作为负数的符号，也就没有必要再一个一个地写上＋号了。

无可非议的，"5＋2"不能写成52或者"伍＋二"。作为运算符号的＋和－是不能被省略的。还要提醒大家注意，只要在－号上添上一笔，它就会摇身一变，变成＋号。

可见，表示正负的符号＋、－，其符号本身也能运用在演算上。

设想一条数射线（如同横放着的温度计），以0为基准，右侧的是正数，左侧的是负数（冰点以下）。重要的是以0为基准的正数和负数处在相反的位置。以数字5为例。添上＋号后，这个＋5其实是原本的5。而－5以0为基准，位于与5相反的位置。我们把带有＋、－这两个符号的情况理解为表示"方向"的概念。那么，＋号是一个数即使添上它，也不会改变方向的符号。而－号是只要一带上，就表示方向相反的符号。譬如，东面就变成了西面。因此，－（－5）等于＋5，＋（－5）等于－5。

我们知道，在英语中，实数读作"real number"。因此，大多数情况下，用符号R来表示全体实数。

作为一种常识，大家都知道两个实数n和b是可以相加的，$a+b$的结果也一定是实数。然而，在数学中，有必要对此作出严谨的定义。

具有以下性质的运算被定义为加法：

（1）能够交换：

$a+b=b+a$（称为交换律）；

（2）3个以上相加时，可以改变加法顺序：

$a+（b+c）=（a+b）+c$（称为结合律）；

（3）存在一个特别的数0（零）能使下式成立：

对于任何实数a，有$a+0=a$。

（4）一定存在满足方程$x+a=0$的数x。

这个数是$x=-a$，称为加法运算中a的相反数。这里的－是负数的符号。

具有上述性质的数称为"在加法运算下是封闭的"。具有这些性质的数的集合称为"群"。实数可以组成一个加法群。

作为演算方法的一是计算满足方程 $z+a=b$ 的数 z 的运算。也就是说，减法被定义为加法的逆运算，得到的 $z=b+(-a)$ 写成 $z=b-a$，这就引入了一个新的演算方法——减法运算。

知识点

整数加法群

整数加法群亦称整数加群，一种具体的群，指全体整数在通常的加法运算下所成的群，常用 Z 表示整数加法群。同样地，所有有理数 Q，实数 R 以及复数 C 对于通常的加法运算所成的群，分别称为有理数加法群、实数加法群和复数加法群。

延伸阅读

负数由来

人们在生活中经常会遇到各种相反意义的量。比如，在记账时有余有亏；在计算粮仓存米时，有时要记进粮食，有时要记出粮食。为了方便，人们就考虑了相反意义的数来表示。于是人们引入了正负数这个概念，把余钱、进粮食记为正，把亏钱、出粮食记为负。可见正负数是生产实践中产生的。

据史料记载，早在 2 000 多年前，中国就有了正负数的概念，掌握了正负数的运算法则。人们计算的时候用一些小竹棍摆出各种数字来进行计算。比如，356 摆成 ≡⊪T，3056 摆成 ≡ ⊪T 等等。这些小竹棍叫做"算筹"，算筹也可以用骨头和象牙来制作。

中国三国时期的学者刘徽在建立负数的概念上有重大贡献。刘徽首先给出了正负数的定义，他说："今两算得失相反，要令正负以名之。"意思是说，在计算过程中遇到具有相反意义的量，要用正数和负数来区分它们。

刘徽第一次给出了正负、区分正负数的方法。他说："正算赤，负算黑；否则以斜正为异"。意思是说，用红色的小棍摆出的数表示正数，用黑色的小棍摆出的数表示负数；也可以用斜摆的小棍表示负数，用正摆的小棍表示正数。

中国古代著名的数学专著《九章算术》（成书于公元1世纪）中，最早提出了正负数加减法的法则："正负数曰：同名相除，异名相益，正无入负之，负无入正之；其异名相除，同名相益，正无入正之，负无入负之。"这里的"名"就是"号"，"除"就是"减"，"相益"、"相除"就是两数的绝对值"相加"、"相减"，"无"就是"零"。

用现在的话说就是："正负数的加减法则是：同符号两数相减，等于其绝对值相减，异号两数相减，等于其绝对值相加。零减正数得负数，零减负数得正数。异号两数相加，等于其绝对值相减，同号两数相加，等于其绝对值相加。零加正数等于正数，零加负数等于负数。"

这段关于正负数的运算法则的叙述是完全正确的，与现在的法则完全一致！负数的引入是中国数学家杰出的贡献之一。

▌▌$a \div b \times b$ 不等a

众所周知，乘法的符号是×，除法的符号是÷。

÷是×的逆运算，×是÷的逆运算。

8除以2再乘上2后就回到了8。写成算式是8÷2＝4、4×2＝8，或者合在一起写成（8÷2）×2＝8。同样地，6乘上6后再除以6也回到了6。算式是（6×6）÷6＝6。

1618年赖特出版了一本有关对数创始人耐普拉的注释书，书中首次出现了×。当时使用的是大写字母X。1631年出版的英国人奥特雷德所著的《数学的钥匙》一书中，第一次使用了当今的×。莱布尼茨曾说过："我不喜欢作为乘法运算符号的×，因为它实在容易与X相混淆。"他采用另一种表示积的符号"·"。曾经在一段时间内，除法符号÷还被当做减号来使用呢。直到今天，在法国仍然用莱布尼茨的最爱"："来代替÷。

与符号的引入没有关系，重要的是乘法及除法这两种运算的本身自古以来就有。

日本的万叶时代，"九九乘法表"已经从我国流传到了日本，称做"即兴吟诗"，用于宫廷子女的教育。当时的诗中，有很多类似写着"三五月"、读作"满月"之类的诗句，蕴含了乘法三乘五等于十五（十五的月亮即满月）。在 1000 年前的古代，洋溢着赞美之情的诗句中带有数学语言的色彩，十分了不起。

实数内，乘法及其逆运算除法具有随意转换的构造（当然，除法运算时分母不为零）。我们把×的逆运算÷定义为对方程 $z \times a = b$ 求 z 的解的运算。考虑到 a 的倒数是 $1/a$，由 $z = b \times (1/a)$，就能得到 z 的值。z 被写成 b/a（或 $b \div a$），称为商，这样，自然而然地导出了一种新的运算——除法。

除法是作为乘法的逆运算而产生的。那么，1 被 3 除就会变成

$1 \div 3 = 0.333\cdots\cdots$

计算结果再乘上 3 的话，得到

$3 \times 0.333\cdots\cdots = 0.999\cdots\cdots$

咦，好奇怪，为什么回不到 1 了呢？

其实，问题不在于×、÷运算上，而在于数的表达方式不同。

说起数的表达方式，应该有两种。

1 可以是 0.999……1.5 可以是 1.4999……就是说，如果无限小数是数这一点被允许的话，那么所有的数都有其无限小数的表现形式。如果认为无限小数不存在，那么 $\sqrt{2} = 1.4142\cdots\cdots$ 就变成不是数了，也就无法认定那些无限制写下去的小数了。

事实上，$1 \div 3$ 的目的是除法，但用 1/3 表示时，就能得到 $1/3 \times 3 = 1$。因此，写成 1/3 的形式也是可以的。

称为"分数"的数的表现确实是与小数不同。比如水或酱油这类无法用刀切开的量用 1/3 杯来表示。这种说法体现了分数是一种恰当的表现形式。

还有，如同 $5 + 5 + 5 = 5 \times 3$，大概有人会认为乘法是作为加法的简便运算，但它并没有局限于这一点上。

例如，根据面积公式，由面积＝长×宽得到 5m×3m，但它不是 5m＋5m＋5m。无论多少个长相加也得不到面积。本质上说，乘法是一种不同于加法的新的运算方法。

有趣的数学符号

同样的，除法也是一种不同于减法的新的运算方法。

对这种新的运算方法进行思考的必然性是来自于对实际问题的解决。例如，"速度"这个抽象概念是通过"距离"÷"时间"得到的。为此，"距离"＝"速度"×"时间"也成立。微分正是由除法产生的概念。

除　法

除法是四则运算之一。

已知两个因数的积与其中一个因数，求另一个因数的运算，叫做除法。

若 $ab＝c$（$b≠0$），用积数 c 和因数 b 来求另一个因数 a 的运算就是除法，写作 c/b，读作 c 除以 b（或 b 除 c）。其中，c 叫做被除数，b 叫做除数，运算的结果 a 叫做商。

如在 $10/5$ 中，被除数为 10，除数为 5，商为 2。在非代数式的书写中，也可以将 a/b 简单写作 $a÷b$。大部分的非英语语言中，c/b 还可写成 $c：b$。英语中冒号的用法请参照比例。

除法法则：除数是几位，先看被除数的前几位，前几位不够除，多看一位，除到哪位，商就写在哪位上面，不够商一，0占位。余数要比除数小，如果商是小数，商的小数点要和被除数的小数点对齐；如果除数是小数，要化成除数是整数的除法再计算。

商不变性质：被除数和除数同时乘或除以一个非零自然数，商不变。

乘法口诀"小九九"的由来

《九九乘法歌诀》，又常称为"小九九"。现在学生学的"小九九"口诀，是从"一一得一"开始，到"九九八十一"止，而在古代，却是倒过来，从"二二得四"起，到"九九八十一"止。因为口诀开头两个字是"九九"，所以，人们就把它简称为"九九"。大约到 13、14 世纪的时候才倒过来像现在这样"一一得一……九九八十一"。

中国使用"九九口诀"的时间较早。在《荀子》、《管子》、《淮南子》、《战国策》等书中就能找到"三九二十七"、"六八四十八"、"四八三十二"、"六六三十六"等句子。由此可见，早在"春秋"、"战国"的时候，《九九乘法歌诀》就已经开始流行了。

永无休止的 π

π 是圆周率的符号。

圆周率是圆周长与直径的比（周长/直径）。

生活在公元前的古人类就已经知道无论圆的半径有多大，圆周长与直径的比率是固定不变的。这个比率是 3.141592……称为无理数。由于它的无限延伸，因此无法将它准确完整地写出来。因为这个原因，从数值的角度来看，圆的面积也没有办法被算出个正确值，始终只是个近似值。为此，从古代开始人们就致力于得到准确性更高的近似值的计算，并且，发现了一种能够更好地表示近似值的方法——分数（有理数）。

希腊数学家托勒密计算出了 $3\frac{17}{120} = 3.1416\cdots\cdots$

圆是夹在内接多边形和外接多边形中间的。阿基米德运用这个近似方法得到周长与直径之比，求出圆周率的值。他从正六边形开始，以成倍的方法计算到正 96 边形，查明 π 的值介于 3.1415926 和 3.1415927 之间。阿基米德的计算方法成为圆周率的计算方法的主流。

后来者不断地改进计算方法。5 世纪，我国数学家祖冲之计算出 π＝3.1415927。日本的建部贤弘在 1722 年计算到正 1024 边形，得到了圆周率的 40 位以上的小数值。

其实，早在 16 世纪，法朗西斯·韦达就计算出正 39326＝6×2^{16} 边形，得到 3.1415926535～3.1415926537，但他在 π 方面的成就还不止于此，他的成就就在于对 π 的近似表达式通过无限的乘法运算，赋予了解析意义上

的表现，他的列式为：

$$\pi = \dfrac{2}{\sqrt{\dfrac{1}{2}}\sqrt{\dfrac{1}{2}+\dfrac{1}{2}\sqrt{\dfrac{1}{2}}}\sqrt{\dfrac{1}{2}+\dfrac{1}{2}\sqrt{\dfrac{1}{2}+\dfrac{1}{2}\sqrt{\dfrac{1}{2}}}}\sqrt{\cdots}}$$

虽然在计算 π 的实际值时，这样繁琐的式子也是无能为力，但却开启了 π 的解析上近似这一全新的方向。

之后，在这 π 的计算长征路上，最耀眼的主角就是微积分了。运用解析的手法，产生多种无穷乘积以及无穷乘积的展开式。

其中，计算 1/4 圆围成的面积的积分式是

$$\int_0^4 \sqrt{1-x^2\,\mathrm{d}x} = \dfrac{\pi}{4}。$$

$\sqrt{1-x^2}$ 级数展开后，对每一项分别积分。

最后，经过辛苦计算，得到了华里斯公式：

$$\dfrac{\pi}{2} = \dfrac{2}{1} \cdot \dfrac{2}{3} \cdot \dfrac{4}{3} \cdot \dfrac{4}{5} \cdot \dfrac{6}{5} \cdot \dfrac{7}{6} \cdots$$

将 π 这个符号普及使用的是欧拉。他提出了与 π 有关的各种公式。其中有一个公式成为数学史上最引人注目的一个。它连接了 0，1，虚数 i 和 π：

$e^{\pi i}+1=0$（e=2.71828⋯），

式中的 e 是自然对数的底。在欧拉公式

$e^{ix} = \cos x + i \sin x$

中，代入 $x=\pi$，就可以得到上式。

尽管人们知道得不到 π 的最终值，但人们依然孜孜不倦地计算下去，虽然人们也明白在日常生活中只需要知道小数点后 4 位的 π 值。

 知识点

虚 数

虚数是指平方是负数的数。虚数这个名词是 17 世纪著名数学家笛卡儿创制，因为当时的观念认为这是真实不存在的数字。后来发现虚数可对应平面上的纵轴，与对应平面上横轴的实数同样真实。

圆周率的最新纪录

1. 新世界记录

圆周率的最新计算记录由日本筑波大学所创造。他们于 2009 年算出 π 值 2 576 980 370 000 位小数，这一结果打破了由日本人金田康正的队伍于 2002 年创造的 1 241 100 000 000 位小数的世界记录。

法国软件工程师法布里斯一贝拉德日前宣称，他已经计算到了小数点后 27000 亿位，从而成功打破了由日本科学家 2009 年利用超级计算机算出来的小数点后 25779 亿位的吉尼斯世界记录。

2. 个人背诵圆周率的世界记录

2005 年 11 月 20 日，在位于陕西杨凌的西北农林科技大学，生命科学学院研究生吕超结束背诵圆周率之后，戴上了象征成功的花环。当日，吕超同学不间断、无差错背诵圆周率至小数点后 67890 位，此前，背诵圆周率的吉尼斯世界记录为无差错背诵小数点后 42195 位。整个过程用时 24 小时 04 分。

ln，log

我们知道，log 和 ln 都是对数的符号。

对数的出现是为了计算那些位数相当多的数字。用什么方法才能得到多位数运算的正确结果，一直是没有计算机的中世纪最头疼的问题。

现在无论几位数，只要把它写成 10^r 的形式就能计算了。当有两个多位数 x 和 y 时，只要将它们分别写成 $x=10^r$ 和 $y=10^s$ 的形式，得到 r 和 s，由于 $x \times y = 10^r \times 10^s = 10^{r+s}$，也就是将 $r+s$ 的和作为乘积中 10 的幂，那么 $x \times y$ 就可以计算了。

对于数字 x，为了得到 $x=10^r$ 的形式，就要先找到 r。这个过程称为把 10 作为底数求出 x 的对数。记作 $r=\log 10^x$。

中世纪后，英国等欧洲国家的殖民政策和对外贸易的需求，带动了航海业的发展，这就需要天文观测提供正确的情报作为保障，为了满足需要，在 16 世纪，对数的发明者——英国的耐普拉花了整整 20 年的心血完成了对数表的制作。在当时人们的眼中，这张表的制作完成就如同后人眼中的计算机的发明一样伟大。

耐普拉的对数表不是以 10 为底的，后来他的朋友布里格斯制成一张常用对数表（以 10 为底的对数表），夺得这个项目的冠军。但是耐普拉的发明所具有的划时代意义是不可替代的。

对数的性质是设法把乘法化作加法，除法化作减法来计算。多位数的乘除变成加减来运算的好处不仅在于速度快，而且精确度也提高了。

据说这种思考方法最早起源于对两个数列的比较，也有人说在公元前，古希腊数学家阿基米德写的《砂的计算者》一书中，已经提出过这种想法，可见，人们早就认识到多位数计算在实际应用上的重要性了。

有两行数列：

0	1	2	3	4	5	6	7	8	9
↓	↓	↓	↓	↓	↓	↓	↓	↓	↓
10^0	10^1	10^2	10^3	10^4	10^5	10^6	10^7	10^8	10^9

让我们任选两组计算一下：

$10^3 \to 3$，$10^5 \to 5 \Rightarrow 10^3 \times 10^5 = 10^8 \Rightarrow 8 \to 3+5$，乘法 → 和；

$10^7 \to 7$，$10^4 \to 4 \Rightarrow 10^7 \div 10^4 = 10^3 \Rightarrow 7-4$，除法 → 差。

n 是自变量，形如 10^n 的函数称为指数函数。被称为对数的函数正好具有与其相反的关系。

因而，为了进行"乘法 → 和"及"除法 → 差"的运算，一个有效的思考方法是把它作为指数函数的逆形式，也可以说是看作提出指数函数的指数的函数。

一般的指数函数是指在正数 a 的情况下，x 作为自变量，其 a^x 的形式所对应的函数是 $y = a^x$，它的反函数形式就是现在所讲到的对数函数，在上述例子中，譬如 10^3 所对应的是 3，那么，在 $x = a^y$ 中，某个 x 所对应的是它的指数 y，用 $y = \log_a x$ 来表示，其中，正数 a 是对数的底，y 是以 a 为底的 x 的对数。

尤其是 $a = 10$ 时，称为常用对数，记作 $\lg x$。

还有，$a = e$（$= 2.71828\cdots\cdots$）时，称为自然对数，简记作 $\ln x$。

1624 年，开普勒用 log 表示对数符号，之后，欧拉用 log 表示常用对数，底是 10 以外的对数用 λ 表示，对数这个名称是耐普拉想到的。据说是两个希腊单词 "λονοξ"（关系）和 "αραθμοξ"（数）的合成词。

更简单地说，具有下列性质的正数 u，v 组成的实变函数 f 称为对数函数。

$$f(uv) = f(u) + f(v) \qquad （乘法变成了加法） \qquad (1)$$

由这个公式得到：

$$
\begin{aligned}
f(u^n) &= f(u) + f(u^{n-1}) \\
&= f(u) + f(u) + f(u^{n-2}) \\
&= \cdots = nf(u)
\end{aligned}
$$

这儿 n 不局限于自然数，也可以是负数或分数（假定这个函数具有连续性），n 可以是任意实数。

现在，假定 a 具有固定值且 $f(a) = 1$，由于 $f(a^n) = nf(a) = n$，可以得出 f 是 a 的指数函数 $y = a^x$ 的反函数的结论（即提出指数的函数）。

然后，在 (1) 式中，设 $u = v = 1$，那么，$f(1 \cdot 1) = f(1) = f(1) + f(1)$，结果 $f(1) = 0$。

如果 $v = 1/u$，由刚才的结果我们可以得到：$f(1) = f(u \cdot 1/u) = f(u) + f(1/u)$，而因为 $f(1) = 0$，那么 $f(1/u) = -f(u)$，经过这些，可以得到

$$
\begin{aligned}
f(u/v) &= f(u \cdot 1/v) = f(u) + f(1/v) \\
&= f(u) - f(v).
\end{aligned}
$$

这说明，只要由"乘法→和"的性质 (1)，就可以推导出"除法→差"的性质。

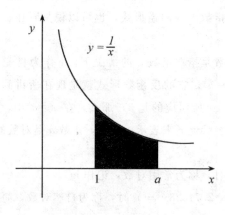

其实，耐普拉的发明之后，过了相当长的时间，才从其他地方发现了对数法则。

曲线围成的面积和体积的计算一直是个悬而未决的古案，进入 17 世纪后，才获得不同程度的发现。

特别是有关双曲线 $y=1/x$ 的面积，定义 $x=1$ 和 $x=a$ 之间的面积为 $S(a)$，$S(a)$ 所具有的性质分别被英国的格雷戈里和莎拉莎在 1647 年和 1649 年发现。

$$S(a)+S(b)=S(ab)。$$

由于这个式子满足前面提到过的（1）式，这样才发现 $S(x)$ 是对数函数。其实，这个对数函数被称为自然对数，"自然对数"这一说法是在 17 世纪由意大利人皮埃罗·蒙哥利命名的。

函数 $y=1/x$ 由 $x=1$ 开始围成的面积等于 1 的点记作 e，即 $S(e)=1$。那么，这个值是 e=2.71828182845945……是个无穷不循环小数，即无理数。

$S(e)=1$ 所指的是可以得到

$$S(e^n)=S(e)+S(e)+\cdots+S(e)$$
$$=1+1+\cdots+1=n。$$

它是指数函数 $y=e^x$ 的反函数，也就是说，这个对数的底是 e，有 $x=S(y)=\log_e y$，$x=\ln y$。

知识点

对数函数

一般地，如果 a（a 大于 0，且 a 不等于 1）的 b 次幂等于 N，那么数 b 叫做以 a 为底 N 的对数，记作 $\log_a N=b$，读作以 a 为底 N 的对数，其中 a 叫做对数的底数，N 叫做真数。一般地，函数 $y=\log_a X$，（其中 a 是常数，$a>0$ 且 a 不等于 1）叫做对数函数。它实际上就是指数函数的反函数，可表示为 $x=a^y$。因此指数函数里对于 a 的规定，同样适用于对数函数。

圆周率的研究史

16 世纪末至 17 世纪初的时候，当时在自然科学领域（特别是天文学）的发展上经常遇到大量精密而又庞大的数值计算，于是数学家们为了寻求化简的计算方法而发明了对数。

德国的史提非（1487—1567）在 1544 年所著的《整数算术》中，写出了两个数列，左边是等比数列（叫原数），右边是一个等差数列（叫原数的代表，或称指数，德文是 Exponent，有代表之意）。

欲求左边任两数的积（商），只要先求出其代表（指数）的和（差），然后再把这个和（差）对向左边的一个原数，则此原数即为所求之积（商），可惜史提非并未作进一步探索，没有引入对数的概念。

纳皮尔对数值计算颇有研究。他所制造的纳皮尔算筹，化简了乘除法运算，其原理就是用加减来代替乘除法。他发明对数的动机是为寻求球面三角计算的简便方法，他依据一种非常独等的与质点运动有关的设想构造出所谓对数方法，其核心思想表现为算术数列与几何数列之间的联系。在他 1619 年发表的《奇妙的对数表的描述》中阐明了对数原理，后人称为纳皮尔对数，记为 Nap. $\log x$，它与自然对数的关系为

Nap. $\log x = 10\ln(107/x)$

由此可知，纳皮尔对数既不是自然对数，也不是常用对数，与现今的对数有一定的距离。

瑞士的彪奇（1552—1632）也独立地发现了对数，可能比纳皮尔较早，但发表较迟（1620）。

英国的布里格斯在 1624 年创造了常用对数。

1619 年，伦敦斯彼得所著的《新对数》使对数与自然对数更接近（以 e＝2.71828 为底）。

对数的发明为当时社会的发展起了重要的影响，简化了行星轨道运算问题。正如科学家伽利略（1564—1642）说："给我时间，空间和对数，我可以创造出一个宇宙。"又如 18 世纪数学家拉普拉斯（1749—1827）亦提

到："对数用缩短计算的时间来使天文学家的寿命加倍。"

最早传入我国的对数著作是《比例与对数》，它是由波兰的穆尼斯（1611—1656）和我国的薛凤祚在 17 世纪中叶合编而成的。当时在 lg2 = 0.3010 中，2 叫真数，0.3010 叫做假数，真数与假数对列成表，故称对数表。后来改用假数为对数。

我国清代的数学家戴煦（1805—1860）发展了多种求对数的捷法，著有《对数简法》（1845）、《续对数简法》（1846）等。1854 年，英国的数学家艾约瑟（1825—1905）看到这些著作后，大为叹服。

当今中学数学教科书是先讲指数，后以反函数形式引出对数的概念。但在历史上，恰恰相反，对数概念不是来自指数，因为当时尚无分指数及无理指数的明确概念。布里格斯曾向纳皮尔提出用幂指数表示对数的建议。1742 年，J·威廉（1675—1749）在给 G·威廉的《对数表》所写的前言中作出指数可定义对数。而欧拉在他的名著《无穷小分析寻论》（1748）中明确提出对数函数是指数函数的逆函数，和现在教科书中的提法一致。

∫ 转化的奇效

∫ 是积分符号，来自于拉丁语 summa（和）的首写字母 s。自遥远的古代起，求积问题就引起人们的关注，积分概念的形成也远远早于微分。最初，积分的产生是为了计算面积和体积（求积）。

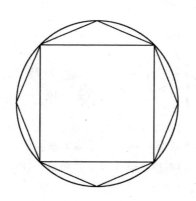

古希腊数学家阿基米德用被称为"取尽法"或"竹帘法"的方法，对抛物线和直线所围成的图形求积。"竹帘法"也称为天平的原理，它运用了所谓的平衡的力学。

"取尽法"是将闭曲线围成的面积看成其内接多边形面积的近似值，与求圆的面积而改其求内接多边形面积相类似。

在那个时代里，还没有极限这个概念，更不懂得使用无限，所以这个问题一直没有得到很好的解决。

开普勒时代（开普勒是 16 世纪末 17 世纪初十分著名的天文学家）的到来使这个求积问题取得了飞跃性的进展。

开普勒所采取的方法是，以圆心为顶点、把一个圆分割成多个大小相等的扇形，然后把它们交错拼接，得到一个接近长方形的图形，用求长方形面积的方法来计算这个面积。

这些较小的扇形类似于三角形，它们的面积总和看成是圆面积，圆弧也就近似于直线（弦）了。如果分割成无限小，形成的等腰三角形的面积总和就是圆的面积。由此可见，计算任何一个图形的面积或体积时，只要把它分割成多个极小的三角形或矩形，然后把它们的面积加起来就可以得到整个面积的近似值了。这个总和（sum）的 s 符号化后，得到 $\int$。

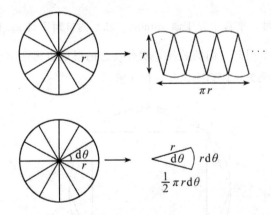

一个十分有效的方法是：一个半径为 r 的圆中，分割的极其小的圆心角 $d\theta$ 所对的圆弧 $rd\theta$ 和半径 r 组成一个三角形，这个三角形面积大体上是 $\frac{1}{2}$（$r \cdot rd\cdots\theta$）

154

由于是把所有三角形的面积加起来，圆心角 $d\theta$ 在 $0\sim2\pi$ 范围内汇集起来的算式，写成

$$\int_0^{2\pi}\left(\frac{1}{2}\right)(r \cdot rd\theta)\qquad(\int_0^{2\pi}\text{ 是指从 0 到 }2\pi\text{ 的汇集})。$$

按下列步骤计算圆面积 πr^2，

$$\int_0^{2\pi}\frac{1}{2}(r \cdot rd\theta)=\frac{1}{2}r^2\int_0^{2\pi}d\theta\qquad(r\text{ 是常数，与汇集区间无关})。$$

$\int_0^{2\pi}d\theta$ 中，$d\theta$ 是在 $0\sim2\pi$ 范围内，其值是 2π，按现在的表示法，写成

$$\int_0^{2\pi}d\theta=\theta\Big|_0^{2\pi}=2\pi-0=2\pi。$$

那么，

$$\frac{1}{2}r^2\int_0^{2\pi}d\theta=\frac{1}{2}r^2\theta\Big|_0^{2\pi}=\pi r^2。$$

事实上，圆弧分割得极其小后，最终会变成一个点。从极限的角度来讲，形成了没有面积的线（半径）的无限集中。因此，在当时人们很难评判这种方法的正确性。经过长达 3 个世纪的等待，到了 19 世纪极限的概念被明确后，这种计算方法才找到严谨的数学依据，并且用这个方法计算的结果与以前开普勒的相同，因此，它也适用于球的体积以及葡萄酒杯容量的计算。

又过了 20 年，意大利的卡伐里埃利改用其他方法计算闭曲线围成的面积和体积，进一步发展了积分。卡伐里埃利引入了"不可分者"的新概念，产生了称为"卡伐里埃利原理"的新方法。

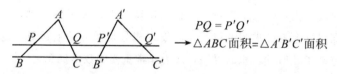

卡伐里埃利原理是指，例如有两个底边在同一直线上的三角形，做一条该直线的平行线且横截这两个三角形，横截后得到的两条线段长度总相等。无论这条平行线离底边有多高，这两个三角形的面积都相等。

也就是说，将三角形的面积看成是一条挨一条线段的汇集，每条相对应的线段的长度相等，那么这两个三角形的面积就相等。这样的线段称为不可分者。这个新概念与近代积分学的发展有着紧密的联系。

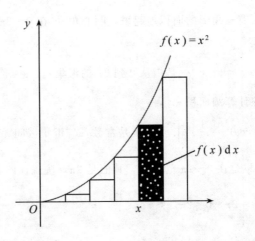

现在的积分表达式 $\int f(x)\,\mathrm{d}x$ 中，对应不可分者的是 $f(x)\,\mathrm{d}x$ 部分。例如 $f(x)=x^2$，$x^2\mathrm{d}x$ 指底边是 $\mathrm{d}x$、高是 x^2 的长方形。当 $\mathrm{d}x$ 无限接近小时，这个长方形就会变成一条直线。积分可以认为是各个矩形（长方形）面积的代数和。卡伐里埃利在 $x=0$ 到 $x=1$ 的范围内，用这个原理在几何上求解，进一步推导得到下列公式：

$$\int_0^1 x^n \mathrm{d}x = \frac{1}{n+1}。$$

卡伐里埃利之后，伽利略的学生妥利切黎和法国数学家费马用这个方法，对旋转体和多项式表达的图形求积。现在使用的积分表示 $\int f(x)\,\mathrm{d}x$ 始于费马。

这么看来，积分是从几何学上的求积发展起来的。之后，在牛顿和莱布尼茨时代，正式引入了微分，考虑到用微分来描述天体运动，建立微分方程。在对这个方程求解的过程中，发现积分是微分的逆运算。这一发现使积分超越了几何学求积的界限，成为非常重要的数学概念之一。

费 马

皮耶·德·费马（Pierre de Fermat）是一个 17 世纪的法国律师，也是一位业余数学家。之所以称皮耶·德·费马是业余的，是由于皮耶·德·费玛具有律师的全职工作。著名的数学史学家贝尔（E. T. Bell）在20世纪初所撰写的著作中，称皮耶·德·费马为"业余数学家之王"。贝尔深信，费马比皮耶·德·费马同时代的大多数专业数学家更有成就。17世纪是杰出数学家活跃的世纪，而贝尔认为费马是17世纪数学家中最多产的明星。

 延伸阅读

Word 中创建积分公式

用户可以在 Microsoft Word 中创建积分公式，以 Word 2010 软件为例介绍操作方法：

第1步，打开 Word 2010 文档窗口，切换到"插入"功能区。在"符号"分组中单击"公式"按钮（非"公式"下拉三角按钮）。

第2步，在 Word 2010 文档中创建一个空白公式框架，在"公式工具/设计"功能区中，单击"结构"分组中的"积分"按钮。在打开的积分结构列表中选择合适的积分形式。

第3步，在空白公式框架中将插入积分结构，单击积分结构占位符框并输入具体数值或公式符号即可。

{ | }

{ | } 是一个表示集合的符号。在数学中，往往预先限定好哪些是研究的对象。从某种意义上来说，当做集合来讨论的东西必须是明确的。

在小学低年级，大家所知道的数最多也就是自然数。如果有这样一道题目：$2x-3=0$，让低年级同学来解答的话，他们会感到束手无策。但是，伴随着时间的推移，他们学会了小数和分数，这道题就能解答了。进一步来说，像这样的一个方程，还要考虑其在什么范围内能解，在什么范围内

不能解。基于这一点，在计算数学的时候，明确其范围是很重要的。像这种被限定的东西的集中称为集合。因此，在低年级时，所讲的数通常指的是自然数集。

我们已经知道现在用大写 N 作为表示自然数集的标记。采用 $\{\ |\ \}$ 的形式，这个集合可以写成

$\{n\ |\ n$ 是自然数$\}$，

或者

$\{n\ |\ n=1，2，3，\cdots\cdots\}$。

竖线的左边写上这个集合的元素，右边写上它的条件。

小学低年级的数是 N 类的。到了小学高年级，数变成是包含小数和分数的正数。由于圆周率等的出现，可以说涉及到了实数。

在此基础上，我们开始考虑像

$\{x\ |\ x\geqslant 0，x$ 是实数$\}$

这样的集合，实数读作 real number，用英文名字首写字母 R 来表示实数全体的集。刚才所说的那个集合也可以写成

$\{x\ |\ x\geqslant 0，x\in R\}$。$x\in R$ 表示 x 属于 R，也就是表示它是实数。现在，用 $R\geqslant 0$ 这个标识来表示 $\{x\ |\ x\geqslant 0，x\in R\}$ 这个集合，那么，以后我们就不需要一个一个地写成 $\{\ |\ \}$，很简便的。在数学上，如果采用文字语言形式的话，许多表达就显得既长又麻烦。巧妙地运用符号加以替换后，一切变得明了，节省了思维时间。

在表示集合的时候，并非一定要用 $\{\ |\ \}$。例如，从 1 到 5 的整数集可以写成

$\{\ |\ 1\leqslant x\leqslant 5，x$ 是整数$\}$。

也可以写成

$\{1，2，3，4，5\}$。

也是写出所有的元素。因此，也可以把自然数集写成 $\{1，2，3，4，5，\cdots\cdots\}$ 采用这个表现方法的话，只要事先能明确是什么样的集合就可以了。

另一方面，集合按它的元素情况分成有限的和无限的两种。前者称为有限集，后者称为无限集。$\{1，2，3，4，5\}$ 是有限集，而自然数集 $\{1，2，3，4，5，\cdots\cdots\}$ 是无限集。一般地，有限集通过写出全部的元素来

表现。

在集合中也有例外，那就是不含任何元素的集合。用标记 ∅ 表示。那就是说，对于还没有学过小数和分数的小学低年级学生们来说，方程 $2x-3=0$ 解的集合是 ∅。而对于小学高年级学生们来说，这个解的集合就是 {3/2}。这样看来，有解也好，无解也好，都可以用集合的符号来表示。

正　数

1. 古称天数二十五，地数三十，合天地之数五十五谓之正数。宋张行成《元包数义》卷二："《易》倚天地正数而立之之数，所谓参天两地而倚数者也。"宋陈亮《量度权衡》："先儒以为五十有五乃天地之正数。"参见"天数"、"地数"。

2. 正额，正式规定的数。《醒世恒言·张廷秀逃生救父》："那赵昂深深的作揖道：'全仗老兄着力！正数之外，另自有报。'"清夏炘《学礼·释禫上》："三年之丧二十五月而毕者，谓三年丧之正数也。"

3. 谓正项收入之数。清王士禛《池北偶谈·谈献一·葛端肃公家训》："〔吴汝荐〕守庐州，府治对有山，所出柴木，旧供府用。曰：'此官物也。'计其值，皆入库作正数。"

4. 数学名词。指大于零的数。对负数而言。瞿秋白《饿乡纪程》三："好像一巨大的魔鬼尽着在他们所加上去的正数旁边画负号呢。"

集合与集合之间的关系

某些指定的对象集在一起就成为一个集合，含有有限个元素叫有限集，含有无限个元素叫无限集，空集是不含任何元素的集，记作 ∅。空集是任何集合的子集，是任何非空集的真子集。任何集合是它本身的子集。子集，真子集都具有传递性。

说明一下：如果集合 A 的所有元素同时都是集合 B 的元素，则 A 称做是 B 的子集，写作 A 包含于 B。若 A 是 B 的子集，且 A 不等于 B，则 A 称做是 B 的真子集，一般写作 A 含 B。中学教材课本里将符号下加了一个 ≠ 符号，不要混淆，考试时还是要以课本为准。

所有男人的集合是所有人的集合的真子集。一般地，如果集合 A 中的任意一个元素都是集合 B 的元素，那么集合 A 叫做集合 B 的子集。

$|x|$，$\|x\|$

这两个符号不是叫做绝对值，就是叫做模。在初中，学习负数以后，出现了绝对值的符号 $|\ |$。在数轴上，绝对值表示由原点 O 出发的距离。因此，既有 $|-3|=3$，也有 $|3|=3$。

在复数的情况下，平面上所对应的点到原点的距离是怎样的呢？例如，$2+3i$ 是在复平面上的一点，可以把这点与点 $(2，3)$ 看成是同一点，运用毕达哥拉斯定理计算它与原点之间的距离，得到 $\sqrt{2^2+3^2}=\sqrt{13}$ 采用与实数情况下相同的符号，记作 $|2+3i|$。使用这个符号的人是 19 世纪的德国数学家维尔斯特拉斯。完整地写成：$|2+3i|=\sqrt{13}$。维尔斯特拉斯称它为绝对值。后来，高斯命名它为模。

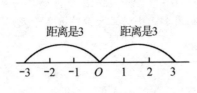

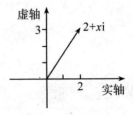

与此相同的，假设有一个平面矢量 $x=(x_1，x_2)$，计算从原点出发到该点 $(x_1，x_2)$ 的距离也是运用毕达哥拉斯定理，记作 $\sqrt{x_1^2+x_2^2}$。我们称它为矢量 x 的模，记作 $\|x\|$。矢量的长度是

$$\|x\|=\sqrt{x_1^2+x_2^2}$$

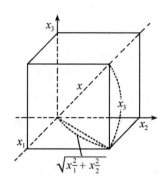

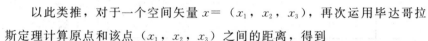

以此类推，对于一个空间矢量 $x = (x_1, x_2, x_3)$，再次运用毕达哥拉斯定理计算原点和该点 (x_1, x_2, x_3) 之间的距离，得到

$$\| x \| = \sqrt{x_1^2 + x_2^2 + x_3^2}\,。$$

最终，推导出矢量 $x = (x_1, x_2, x_3, \cdots, x_n)$ 的长度是

$$\| x \| = \sqrt{x_1^2 + x_2^2 + x_3^2 + \cdots + x_n^2}\,。$$

像这种运用毕达哥拉斯定理计算出来的模称为欧氏模。

这个模和前面提到的绝对值具有以下性质：

（1）$\| x \| \geqslant 0$，$\| x \| = 0$ 的充要条件是 $x = 0$；（正定性）

（2）k 是实数时，$\| kx \| = | k | \| x \|$；（也适合于复数的情况）

（3）$\| x + y \| \leqslant \| x \| + \| y \|$。（三角不等式）

一般地，矢量 x 在满足（1）～（3）条件下，定义 $|\quad|\quad|$ 时，称 $\| x \|$ 为 x 的模。定义模的矢量空间称为模空间。在模空间中，重要的是被称为巴拿赫空间或希尔伯特空间的空间，它们都是无限维的空间。

并不是说模仅仅只有这一种，只要满足模的条件，它的形式可以是多种多样的。实际上，对于 n 维数矢量 $(x_1, x_2, x_3, \cdots, x_n)$ 来说，除了欧氏模以外，还有

（4）$\| x \| = \max \{ | x_1 |, | x_2 |, | x_3 |, \cdots, | x_n | \}$；（括弧中最大的一项）。

（5）$\| x \| = | x_1 | | x_2 | + | x_3 | + \cdots + | x_n |$；

（6）$\| x \| = (| x_1 |^p + | x_2 |^p + | x_3 |^p + \cdots + | x_n |^p)^{1/p}$。

通过模，可以用 $\| x - y \|$ 定义两个元素 x，y 之间的距离。x 和 y 之间的距离记作 $d(x, y)$，写成

$$d(x, y) = \|x - y\|.$$

在 $n=2$ 即 $x=(x_1, x_2)$ 的情况下，假如 $\|x\|=1$，那么它是描述从原点 O 出发的距离。通常为 $d(x, 0)=\|x\|=1$ 的点的轨迹，得到圆的形状，现在，用（4）式和（5）式分别来画圆，得到下面两个图形。它们和我们熟知的球形的圆是对不上的。究其原因是因为模的形式不同，圆的形状也不同。普通概念上的圆是欧氏模基础上的圆。

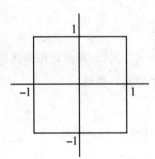 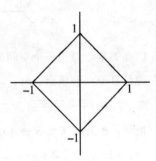

数　轴

　　规定了原点（origin），正方向和单位长度的直线叫数轴。所有的实数都可以用数轴上的点来表示。也可以用数轴来比较两个实数的大小。

　　画一条水平直线，在直线上取一点表示 0（叫做原点，origin），选取某一长度作为单位长度（unit length），规定直线上向右的方向为正方向（positive direction），就得到右面的数轴。所以原点、单位长度、正方向是数轴的三要素。

　　利用数轴可以比较实数的大小，数轴上从左往右的点表示的数就是按从小到大的顺序。

绝对值为无符号数

当阴阳平衡的时候，事物既不表现出阴，也不表现出阳，也就是零的状态（零的确代表着无，其实也代表着平衡，（－1）＋（＋1）＝0，这代表着平衡）。所以，所谓（－1）＋（＋3）＝＋2，其意思是阴阳的不平衡，阳比阴多两个，所以是＋2。而所谓（＋1）＋（－3）＝－2，道理是一样的，只是这时阴占了多数，阴比阳多了两个。

男女、雌雄的道理也是一样的。三个男性（＋3）加两个女性（－2）就不平衡，所以也就有了（＋3）＋（－2）＝＋1，男性比女性多出一个来。电荷也是如此，如果我们用绸子摩擦玻璃棒，玻璃棒上的电荷就会不平衡，玻璃棒也就会表现出电性。比如说（0）－（－2）＝＋2，也就是在平衡下减去阴，结果就为阳了，这里就是＋2。

那么绝对值是什么呢？绝对值就是无符号的数。比如说三个人，我们不说男性，也不说女性，我们只说人，那么我们用什么符号来表示呢？显然不可以用符号来表示，这里的3只可以是无符号的数，假如我们记为3（注意，这里的3与＋3是不同的，＋3是有符号的数，而3是无符号的数）。这样，当我们问，三个男性（假设记为＋3）加三个女性（假设记为－3），一共有几个人的时候，我们就必须用绝对值相加，也就是｜＋3｜＋｜－3｜＝6，也就是6个人。这里的6就是无符号数。如果按照以往的数学观念，我们把这里的6理解为正数就不对了，因为这样就变成了6个男性了。

$P(A)$，$E(x)$ 的概率计算

$P(A)$ 和 $E(X)$ 是两个概率的符号。

是去干活还是去逛街？犹豫不决的时候，让我们抛一块硬币来决定。我们没有办法预料最后硬币是停在正面还是背面。一般我们把出现正面的

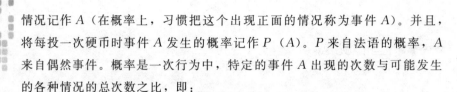

情况记作 A（在概率上，习惯把这个出现正面的情况称为事件 A）。并且，将每投一次硬币时事件 A 发生的概率记作 P（A）。P 来自法语的概率，A 来自偶然事件。概率是一次行为中，特定的事件 A 出现的次数与可能发生的各种情况的总次数之比，即：

（事件 A 出现的次数）/（一次行为下发生情况的总数）。

抛掷一次硬币以后，会出现的情况只有硬币停在正面或背面这两种，其中出现 A（正面）的场合只有一次，记作

$$P（A）= \frac{1}{2}。$$

在瑞士，有一个伯努利数学家族。他们中的一员，雅各·伯努利在研究组合时，证明了概率论中最基本、最重要的伯努利定理。

"假设在一次非任意的试验中事件 A 出现的概率为 P，如果在相同条件下进行 n 次重复的试验后，事件 A 出现了 m 次，那么，当 n 足够大时，就可以用 $\frac{m}{n}$ 的值近似地表示该事件的概率 P。"

这是被称为大数法则的特殊情形。

这个定理之所以重要，在于预先不知道一个事件的概率时，可以用根据实际经验得到的概率来替代使用。

例如，交通事故的死亡状况，这是一个事先很难预测的发生率，但是根据以往的数据，凭经验能够得出一个经验概率 m/n。在日常生活中，保险公司统计过去发生事故的总次数，按（事故件数）÷（投保客户总数）＝事故率的公式，计算出未来可能发生的事故率，制定出既维护投保人权益又不影响保险公司经营的保险费。

现实生活中，想靠中彩票来改善生活的人愈来愈多。买彩票的人最想知道的是一张彩票的中奖金额究竟有多大？让我们来计算一下一张彩票的平均中奖金额。在概率论上，它有一个形象化的名称：数学期望（简称期望值）。

假设售出 100 万张彩票，一张彩票 100 元，设一等奖 5000 万 1 个、二等奖 500 万 2 个、三等奖 100 万 10 个、四等奖 1 万 1000 个和 1000 元的五等奖 1 万个。一等奖的中奖几率是 100 万张中的一张，即 $1/10^6$。100 万张彩票分摊这一等奖 5000 万元，每张是 5000 万×（$1/10^6$）。以此类推，二等奖以下依次是：500 万×（$2/10^6$）、100 万×（$10/10^6$）、1 万×（1000/

10^6）、$1000 \times$（$10000/10^6$）。一张彩票可以分摊到的奖金总额是：

5000 万 $\times$（$1/10^6$）$+500$ 万 $\times$（$2/10^6$）$+100$ 万

$\times$（$10/10^6$）$+1$ 万 $\times$（$1000/10^6$）

$+1000 \times$（$10000/10^6$）

$=50+10+10+10+10=90$ 元。

通过计算，我们现已知道一张彩票能够分摊到的奖金总额也就 90 元。

概率论上，用 E 表示期望值。在这个关于彩票的例子中，$E=90$。

在 $E(X)$ 中，X 称为随机变量，取值随偶然因素而变化的变量用 X 表示。随机变量 X 的取值为 x_1，x_2，x_3，…，x_n，相应的概率为 p_1，p_2，p_3，…，p_n，X 的期望值为

$E(X)=x_1 p_1+x_2 p_2+x_3 p_3+\cdots+x_n p_n$。

被誉为牛顿的先驱的荷兰物理学家惠更斯建立了期望值这个概念。他在 1657 年所著的《关于赌博的计算》中提到了这个概念。这是最早一本用概率论来论述像掷骰子这类受偶然性因素支配的游戏的书。大家一致公认它是一本最容易理解的概率论教科书。

不管是在哪个年代，赌博都一直存在。在 16—17 世纪的上流社会、封建郡主和贵族阶层中流行着骰子赌。为此还流传着这么一段佳话。法国上流社会的骑士们就骰子游戏提出了一大堆问题，然后，写成信寄给了大科学家帕斯卡。其中，有这样一道题目：两位赌家在胜率相同的情况下，先赢 3 次的一方为胜者，但是在一方先赢两次的情况下赌局因故不能继续下去了，这时，赌金该怎样分配？围绕着这样的问题，帕斯卡和费马之间展开了书信往来。

相传惠更斯在法国留学时，对帕斯卡他们正在讨论的问题产生了浓厚的兴趣。他接受了"同时掷 3 个骰子，点数和是 11 点与点数和是 12 点哪个更容易出现"这个问题。根据赌家的经验，11 点比 12 点更容易出现。经验归经验，最后，对这个问题的数学意义上的解答正是来自于惠更斯。据说是为了研究赌博引起的数学问题，才促进了概率论的发展。

有
趣
的
数
学
符
号

概　率

　　概率，又称或然率、机会率或几率、可能性，是数学概率论的基本概念，是一个在 0 到 1 之间的实数，是对随机事件发生的可能性的度量。表示一个事件发生的可能性大小的数，叫做该事件的概率。它是随机事件出现的可能性的量度，同时也是概率论最基本的概念之一。人们常说某人有百分之多少的把握能通过这次考试，某件事发生的可能性是多少，这都是概率的实例。但如果一件事情发生的概率是 $1/n$，不是指 n 次事件里必有一次发生该事件，而是指此事件发生的频率接近于 $1/n$ 这个数值。

惠更斯的数学成就

　　惠更斯曾首先集中精力研究数学问题，惠更斯在数学上有出众的天才，早在 22 岁时就发表过关于计算圆周长、椭圆弧及双曲线的著作。他对各种平面曲线，如悬链线（他发现悬链线即摆线与抛物线的区别）、曳物线、对数螺线等都进行过研究，还在概率论和微积分方面有所成就。

　　1657 年发表的《论赌博中的计算》，就是一篇关于概率论的科学论文（他是概率论的创始人），显示了他在数学上的造诣。从 1651 年起，对于圆、二次曲线、复杂曲线、悬链线、概率问题等发表了一些论著，他还研究了浮体和求各种形状物体的重心等问题。

＝，∽，≡符号

＝是等号，表示写在它两侧的内容是完全相等的。

如"2＋3等于5"这样，仅仅为了表示计算结果的，不使用等号也没关系。但是，在方程的表现或式子的等量变换等需要一步一步演算的情况下，等号是必不可少的。然而，在符号代数开始盛行的中世纪以前，这个符号确实是无足轻重的。

使用＝的是英国医生雷考德，在他的著作《智慧的砥石》（1557 年）中，＝首次亮相。雷考德使用这个＝符号是因为他认为"在这个世界上，很难找到两条平行线似的完美的相等了……"

这个符号应该是平行线符号的转化。当时，雷考德所写的等号符号要比现在的长。不幸的是，自＝首次登场之后的 60 年间，直到1618 年爱德华·赖特编写对数的注释书为止，据说这个符号如同被遗忘的角落没被光顾过。17 世纪后半叶，发明了微积分的华里斯、巴罗、牛顿等人虽然开始使用这个符号，但是在欧洲大陆，表示相等所使用的是其单词的缩略语形式 aeq.（aequles），而符号＝却被挪作了他用。又过了一段时间，笛卡儿和莱布尼茨等人对＝的青睐，使＝一夜走红。

＝意味着在它两侧所写的内容是相同的。在数学上对"相同"的要求是苛刻的，它必须具备以下性质：

（1）$A＝A$；

（2）若 $A＝B$，则 $B＝A$；

（3）如果 $A＝B$，$B＝C$，那么 $A＝C$。

这 3 个性质依次称为：（1）自反性，（2）对称性，（3）传递性。

通常，在数字或数学式中，用＝表示"相同的"。除此之外，根据所使用的数学对象不同，它也可以作为这样那样的固定符号而存在。无论是何种情况，前提条件都是必须符合性质（1）～（3）。

实际上，现在把满足性质（1）～（3）的关系称为等值关系。

譬如，－、∽、≡之类的和＝一样是等值关系的一种具体表现。

它们是各自不同的符号，它们所处理的对象，数字也好，式子也好，都是不同的。具有等值关系的两个对象被看作是相同的，这种思维方法开创了一种新的数学。

一是一种常用的符号，在不同的场合，它可以代表不同的意义。它也是表示等值关系符号中的一员。

在平面上，取 O 为原点，过点 O 引两条互相垂直的直线，平面上所有的点是由其在两条直线上的位置 x 和 y 来确定的。这一组有序数称为该点的坐标。莱布尼茨把横坐标和纵坐标统一起来称为坐标。流传到日本时，藤泽利喜太郎译成坐标。昭和初期，写成"座标"。在多数情况下，使用希腊字母（α，β，γ）表示平面。然而，当在数的意义上表现时，写成 R^2 这也是个常见的符号。用集合的符号表示一个平面时，写成

$R^2 = \{ (x，y) \mid x，y$ 是任意实数$\}$。

现在，在上述平面上的点之间引入下列"－"关系：

对于平面上的两点 $P(p_1，p_2)$ 和 $Q(q_1，q_2)$，当 $p_1 - q_1 =$ 整数，且 $p_2 - q_2 =$ 整数时，得到 $P - Q$。

这儿，$P - Q$ 是指"点 P 和点 Q 是等值的"。

事实上，这时的这个"－"关系满足了前面所说的性质（1）～（3）：

（1）$P - P$；

（2）$P - Q$ 则 $Q - P$；

（3）$P - Q$ 且 $Q - T$，则 $P - T$。

让我们来证明一下。$p_1 - p_1 = 0$，$p_2 - p_2 = 0$，因为差是整数，证明第 1 个性质成立。由 $p_1 - q_1 =$ 整数（设差 $= m$），$p_2 - q_2 =$ 整数（设差 $= n$），得到 $q_1 - p_1 = -m$ 和 $q_2 - p_2 = -n$，其结果也是整数。可见，第 2 个性质也成立。

$P(2，3)$ 和 $Q(-4，7)$ 是等值的，但 $P(2，3)$ 和 $T(5，0.6)$ 就不是等值的。现在，用符号 $C(P)$ 或 $[P]$ 来表示与点 P 等值的点的全体，称为点 P 的等价类。$C(P)$ 中的 C 是 $class$ 这个英文名字的首写字母。

平面 R^2 上的点看成是等价类的集中，把 $C(P)$ 作为新的一点来考虑，这个数学对象记作 $R_2/-$。用集合的方式表示，写成

$R^2/- = \{ C(P) \mid P$ 是平面上的点$\}$。

过去，一曾作为等号或表示两个图形相似的符号。现在，用来表示相似的符号是∽。当初，莱布尼茨用－表示相似，－和＝组合在一起代表

有趣的数学符号

"相似且相等"。由于极少有人使用，到了 18 世纪后半叶出现了一和＝的直接组合≌。经过再次演变，形成了今天的全等符号≌。匈牙利的波约第一个使用了≌。另一方面，德国的黎曼在《椭圆函数论》（1899）中用≡表示恒等式。现在，≡使用在几何对象和代数对象两方面。

譬如，两个三角形 $\triangle ABC$ 和 $\triangle EFG$ 重合在一起时，大小正好相等。这就是几何学上的全等≌所表达的意思。记作 $\triangle ABC \cong \triangle EFG$。

全等≌符号在代数上的使用如下所述：

有两个整数 m 和 n，写成 $m \equiv n$（7）时，表示 $m-n$ 能被 7 整除。换句话说，m 和 n 分别除以 7 时，它们的余数是相同的。这时的≡也满足性质（1）～（3）。因此，只要除以 7 后余数都相等，那么这些被除数被看作是相同的。

通常，在代数上，使用一是没有必要加上注解的。除＝以外，在使用诸如≡之类的符号时，几乎都需要加上注解。

知识点

中世纪

中世纪（约 476—1453），是欧洲历史上的一个时代（主要是西欧），自西罗马帝国灭亡（476）数百年后起，在世界范围内，封建制度占统治地位的时期，直到文艺复兴时期（1453）之后，资本主义抬头的时期为止。

"中世纪"一词是 15 世纪后期的人文主义者开始使用的。这个时期的欧洲没有一个强有力的政权来统治。封建割据带来频繁的战争，造成科技和生产力发展停滞，人民生活在毫无希望的痛苦中，所以中世纪或者中世纪早期在欧美普遍被称做"黑暗时代"，传统上认为这是欧洲文明史上发展比较缓慢的时期。

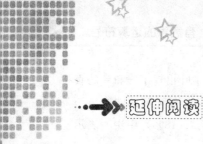

有趣的数学符号

高等数学中的平行线

在高等数学中的平行线的定义是相交于无限远的两条直线为平行线，因为理论上是没有绝对的平行的。

在欧氏几何中，在两条平行线中做一条直线 AB，以直线 AB 为半径以逆时针方向做圆，然后以直线 AB 为半径以顺时针方向再做一个圆，从两个圆的交点做垂线 CD 垂直于直线 AB，若 CD 与 AB 的角的角度都是 90°，则说明两条平行线不会相交。

但欧几里得不敢思考当两条平行线无限长时的情况……

于是包括罗素、黎曼在内的科学家假设当两条平行线无限长时，他们会在无穷远处相交（例如：在球面上，就会发现，相互垂直于赤道的经线会相交于北极点和南极点。）后来，非欧几何和黎曼空间就诞生了，该成果给了爱因斯坦很大的启发。

平行线公理就是区分欧氏几何与非欧几何的一个重要区别。

总结一下，按常识来说两条平行线不会相交，从定义出发是绝对不会，但从条件出发有些情况下用某些理论可以证明相交。

关于 "0" 的趣谈

　　0，是自然数中的一个。它代表的意思是没有，在不同的地方，0有着不同的意思。

　　在数学中，0既不是正数也不是负数，而是正数和负数之间的一个数。当某个数大于0时，称为正数；反之，当某个数小于0时，称为负数。0又是介于－1和＋1之间的整数。汉字记做"零"或者是"○"，是最小的自然数。0是偶数；不是质数，也不是合数。

　　关于0的来源，还有很多趣谈，在世界各地，0也有着不同的意义。在这些地区，也流传着许多关于0的历史传说和典故。

0的发现及应用史

　　零号的创造和发展是件了不起的大事，但在它漫长艰辛的开创与发展中，发生了许许多多动人的历史故事。

　　公元13世纪，数字0通过阿拉伯人传入西欧，当时罗马在法令中规定不准在银行、商业中使用包括0在内的印度－阿拉伯数码。罗马教皇尤斯蒂尼昂更厉害，他宣布："罗马数字是上帝创造的，不允许0的存在，这个邪物加进来会玷污神圣的数。"第一个发现0的罗马学者偷偷宣传0，被教会发现。罗马教皇把他投入监狱，惨遭残酷的拶（zǎn）刑，即用夹子把10根手指紧紧夹住，使他两手残废不能再握笔写字，最后该学者被害死在监狱中。罗马不准使用0的禁忌直到公元10世纪才被打破。

传说，第一个使用 0 的学者竟被钉在十字架上，他们的罪名是否定了"上帝创造万物"。

我国使用外来 0 也非一帆风顺，还闹出过人命案。但是真理终归会战胜邪恶，为科学献身的人，前仆后继。人类永远要前进，0 最终走进了数学王国的殿堂，成为"数学魔术师王国"的国王。

数学史家还把 0 比做"哥伦布鸡蛋"。这个词已成为欧洲所共知的谚语，因为，0 的形状不仅像鸡蛋，其中还含有深刻的哲理。人们知道，1492 年哥伦布发现美洲新大陆，于 1493 年返回西班牙后，受到群众的欢迎和王室的优待，也招来一些贵族、大臣的妒忌。在欢迎他的一次宴会上，有人大声说："到那个地方去没有什么了不起，只要有船，谁都能去。"聪明的哥伦布没有正面回答，他顺手拿起一个熟鸡蛋说："谁能把鸡蛋用小的那一头竖起来？"许多人试了试，都说不可能。哥伦布将蛋在桌上轻轻敲破了一个壳，就竖起来了。于是又有人说："这谁不会？"哥伦布说："看别人做过后才说简单是没有用的。"这个谚语流传了 400 多年了。凡事都有开创时的困难，有人开了端，仿效却是很容易的。零号的诞生蕴含着哥伦布巧妙的鸡蛋比喻。

通过上述可知，0 号起源于位值制，反之，由于零的使用才有完善的位值制记数法。零的出现比位值制晚，最早出现的巴比伦、玛雅、印度和中国，正是最早懂得位值制的地区。

在历史上，零的哲学意义曾一度超过了它的数学意义。恩格斯在《自然辩证法》一书中说，零比任何一个数的内容都丰富！例如，0.72 里没有 0，就显示不出整数和小数的界限；8 后面添上一个零就成为 80，恰为原数的 10 倍；由汽车号码为 00078，马上可以知道某市汽车的最高号码是五位数。0 的功用不可磨灭。究竟什么是零呢？有种种说法："小于任何给定的量的量"、"消失了的量的鬼魂"、"没有数的数"、"无形的有，有形的无"、"无穷小量的极限"……五花八门，不胜枚举。最后，恩格斯给出了零的精辟意义，成为中学数学颠扑不破的定义："零既不是正数，又不是负数的唯一真正中性数。"

现代英国数理哲学家罗素（1872—1970）也给以精辟见解，驱散了围绕着零概念的阴云，他说："零涉及下述三个问题：即有关无穷、无穷小和连续性的问题……过去的每一代最聪明的学者都试图攻克这些问题，但都没有成功……直到经由维尔斯特拉斯（1815—1897）、戴德金（1831—1916）、康托（1845—1918）等德国数学大师的努力才解决了这些问题，并且解决得十分清楚，似乎没有留下任何值得怀疑的地方，这一成就堪称时代的骄傲。"

罗 素

零的功用很多。著名德国数学大师、微积分与二进制的发明者莱布尼茨（1646—1716）说世界由 0 和 1 组成。我们看现代化的数字电视信号，脉码只用 0 和 1 来表示，用二进制进行数字运算时，零可以顶半边天。0 是介于正、负数之间的分界点。没有它，数轴和坐标系统便会黯然失色，数学也就无法跨入高等数学的广阔天地。在科学的领域里，到处都离不开零，它可以用来观天、测地，标志电位、温度和物体平衡与动静的状态。在时间的变化中，它是新与旧的交替站，它记录着人类创用的心血和汗水。

因在工程技术中需要考虑精确度，小数末尾的零就不能随便去掉。例如工人师傅加工零件，要求一个零件的长度为 18 毫米，另一个零件的长度为 18.0 毫米。前者表示准确到 1 毫米，即加工后的实际长度在 $17.5 < 18 < 18.5$（毫米）之间，都可以认为是合格的；后者表示准确到 0.1 毫米，即加工后的实际长度在 $17.95 < 18 < 18.05$（毫米）之间才认为是合格的。显然，后者的加工精度要比前者高。看看，仅是末尾一个 0 之差，就有两种不同要求。

数学中的 "0" 和 "没有"（或 "无"）并不完全是一回事。在小学里用 0 表示 "没有" 是对现实的反映，但在人类社会中，0 有了更为丰富的内容。它不仅可以表示 "没有"，而且可以表示一种确定的量。例如气温是 0℃，并不表示 "没有" 温度，它表示气温的分界，0℃的气温比 1℃低，天气较冷；又如海拔，北京高出水准面 52.3 米，吐鲁番最低处低于水准面 154 米，而水准面的高度规定为 0 米，它表示了水准面高程（海拔）这个确定的量。

在计算中，0扮演了一个十分重要角色，有时淘气的0还使我们在计算中犯错误。如把0作为除数，这是永远不行的。

教　皇

　　按照天主教会的传统说法，耶稣基督的第一个门徒彼得乃众门徒之首，他于传教过程中去罗马担任了罗马教会的第一任主教。从此，罗马主教均为伯多禄的继位人，其地位因而也在其他主教之上。这便是"教皇制"的由来。所以，"教皇"的全称为"罗马教区主教、罗马省都主教、西部宗主教；梵蒂冈君主、教皇"，亦称"宗徒彼得的继位人"、"基督在世的代表"等。现代亦用来指某一思想，组织的精神领袖。

阿拉伯数字的传说

　　公元500年前后，随着经济、文化以及佛教的兴起和发展，印度次大陆西北部的旁遮普地区的数学一直处于领先地位。天文学家阿叶彼海特在简化数字方面有了新的突破：他把数字记在一个个格子里，如果第一格里有一个符号，比如是一个代表1的圆点，那么第二格里的同样圆点就表示10，而第三格里的圆点就代表100。这样，不仅是数字符号本身，而且是它们所在的位置次序也同样拥有了重要意义。以后，印度的学者又引出了作为零的符号。可以这么说，这些符号和表示方法是今天阿拉伯数字的老祖先了。

　　771年，印度北部的数学家被抓到了阿拉伯的巴格达，被迫给当地人传授新的数学符号和体系，以及印度式的计算方法（即我们现在用的计算法）。由于印度数字和印度计数法既简单又方便，其优点远远超过了其他的计算法，阿拉伯的学者们很愿意学习这些先进知识，商人们也乐于采用这种方法去做生意。

后来，阿拉伯人把这种数字传入西班牙。公元 10 世纪，又由教皇热尔贝·奥里亚克传到欧洲其他国家。公元 1200 年左右，欧洲的学者正式采用了这些符号和体系。至 13 世纪，在意大利比萨的数学家费婆拿契的倡导下，普通欧洲人也开始采用阿拉伯数字，15 世纪时这种现象已相当普遍。

巴比伦人眼中的零

在出土的一块公元前 1700 年的巴比伦的苏撒（今伊朗西南）泥板上，可以看到在两个楔形文字数码之间用空格表示零。后来的 1000 多年，巴比伦记数法迟迟没有创造出零的符号（原因可能是零出现的频率较少，它的记数法中可以留出空格表示零）。经过 1000 多年的科学发展，他们发现用空位表示零常常发生误会，于是创造出了零的符号。今天，我们从巴比伦公元前 300—前 200 年的一块记载一年中望月的泥板上可以看到出现了相当于零的符号。我们把它们抽取出来，如下：

例如，一块公元前 2000 年左右的乌鲁克泥板上（现藏于巴黎罗浮宫博物馆）用

表示 $2 \times 60^4 + 0 \times 60^3 + O \times 60^2 + 33 \times 60 + 20 = 129\ 600\ 000$。

在不列颠博物馆收藏的一块塞流西王朝时期（约前 321—前 64）记载天文的泥板上，将 60 写成

表示 $1 \times 60 + 0 = 60$。

显然，零号位值制记数法的两种功能，即表示数 0 和指明各个数码的准确位置功能，与今天 0 的作用是一样的。这是了不起的贡献。

别有趣味的还有，巴比伦人创用的零的符号的写法不止一种形状。

值得注意的是，在巴比伦泥板中，我们也看到把零符号写在前面表示分数，如

表示 $0 + \dfrac{1}{60} = \dfrac{1}{60}$。

综上所述，巴比伦人在公元前 19—前 16 世纪没有发明零号，只用空格（位）表示零，但在 1000 多年以后的公元前 312—前 64 年出现了零号。

  知识点

楔形文字

楔形文字，来源于拉丁语，是 cuneus（楔子）和 forma（形状）两个单词构成的复合词。楔形文字也叫"钉头文字"或"箭头字"，古代西亚所用文字，多刻写在石头和泥版（泥砖）上。笔画成楔状，颇像钉头或箭头。

 延伸阅读

巴比伦的传说故事

每年春天，高原地区的积雪融化，幼发拉底河与底格里斯河就在两河流域泛滥成灾。特别是下游一带，地势低洼，几乎全被淹没。一个流传到今天的巴比伦神话，生动地反映了这种情形：一位巴比伦国王的祖先梦见

他遇到了神仙。神告诉他，洪水就要淹没大地，来惩罚人类的罪恶。因为他一向对神十分虔诚，所以神要搭救他。这个人听从神的吩咐，造了一只方舟，把全家人都搬到舟上，还带了几只动物和一些种子。没过多久，乌云布满天空，黑暗笼罩了大地，狂风暴雨袭来，滔滔洪水淹没了一切生命，只有那只方舟在茫茫无边的水面上漂行。到了第七天，风住了，河水平静下来。这时候，方舟漂到一座山旁。舟上的人把动物放出方舟，将种子撒在山上，大地的生命重新开始了。人类许多民族的神话都受到巴比伦这个古老传说的影响。西方著名的诺亚方舟的故事也是从这个传说演变来的：一个叫诺亚的人按照上帝的命令造了一只方舟，全家人坐上去，躲过了水灾。当洪水退落的时候，诺亚放出一只鸽子。不久，鸽子衔着一片新拧下的橄榄叶子飞回来，使诺亚知道洪水已经退去，万物又恢复了生命。后来，西方人就把鸽子和橄榄枝作为和平的象征。

犹太人的《旧约圣经》在创世记这卷书中详细记载了洪水毁灭世界的情况。

印度人钟爱的零号

一般人认为，现在用的零号是印度人发明的，是世界上第一个把零当做数来使用的，并且承认它是一个数，而不仅是空位或一无所有。这是印度人对零的伟大贡献。

印度人很早就懂得位值制的道理。很久以前，他们采用 Sunya（读作苏涅亚，意思是空）表示零，或者用"空格"表示零，如今天的 805 表示为 8 5。但是这种表示容易发生误解，如 8005 也可以表成 8 5，那么 85 的中间应空多少距离呢？为了避免误会，聪明的印度人又创用一点"·"代替"空"。大约在公元 3－4 世纪，他们在两数之间加上小点，如在《太阳手册》书里用"·"表示空位。印度零号由"空"变成"·"，形式变了，读法未变，仍读苏涅亚。

公元 876 年，印度瓜廖尔的一块石碑上出现用小圆圈"○"表示零，与现在很相似。这是否是受了希腊人用小圈表示零的影响？不得而知。

李约瑟

关于印度人用小圆圈表示零，还有几种不同说法：一是 8 世纪时在拉科利的碑文上已有；二是在公元 870 年瓜廖尔另一块碑上也有；另外在印度尼西亚邦加岛的碑上也已有把今天的"608"写成原始印度数字的记载，但年代很不确定，可能是 686 年，也可能是 736 年。总之，"不管怎样，用小圈表示十进位值制记数法的零，最晚在公元 876 年已经出现"。

印度人的零号由空演变到点，又由实心小圈演变到空心小圈是经过漫长岁月的。可是，空心小圈何时又变成今天呈扁圆形的零号 "0" 呢？公元 8 世纪印度德温那格利数码中首次出现了这种零号。英国科学史家李约瑟（1900—1995 年）说：公元 876 年（有说 870 年）的瓜廖尔石碑上出现的那个小圈就是当今的零号。不管怎样，可以确定扁圆 "0" 至迟于公元 9 世纪就在印度开始使用了。

但是，我们又认为：印度 876 年那个小圈（扁圆 0）可能受到古希腊托勒密（约 100—170）创用小圈的影响。换句话说，最早采用这种扁圆 0 号的是托勒密。因为，古希腊数学是无位值制的，所以对零的需要并不迫切，但当时使用的角度是六十进位值制的，他在书写角度时明确使用小圈 O 表示空位。

后来，印度数字传入阿拉伯世界，经过发展形成了著名的印度—阿拉伯数字。1202 年，这种数学（包括 0 符号）经由意大利数学家斐波那契传入欧洲，逐渐流行于全世界。

希　腊

希腊位于欧洲东南部巴尔干半岛南端。陆地上北面与保加利亚、马其顿以及阿尔巴尼亚接壤，东部则与土耳其接壤，濒临爱琴海，西南临爱奥尼亚海及地中海。希腊被誉为是西方文明的发源地，拥有悠久的历史，并对三大洲的历史发展有过重大影响。从 2009 年起，希腊深陷债务危机。2011 年，希腊总理乔治·帕潘德里欧宣布拟把欧洲联盟救援新方案交由公民投票后，欧洲政界、经济界和金融市场反应强烈。

 延伸阅读

印度种族

关于种族的划分，历来众说纷纭。目前，受到学术界普遍公认的划分方法，是由 B. S. 古哈于 1935 年提出来的。他将印度的种族划分为 6 个主要类型：尼格罗人（the Negroids）、原始澳大利亚人（the Proto-Austroloids）、中国人、蒙古人（the Mongoloids）、地中海人（the Mediterraneans）、迪纳拉人（the Alpoinarics）以及印度土著人。

经过通婚与往来，不同的种族血统多有混合。尼格罗人走向边缘，近乎灭绝。原始澳大利亚人散布在印度南部、西部和中部的部落之中。蒙古人与其他人种融合最少，分布在印度东北部、西孟加拉邦和喜马拉雅山山麓。地中海人是辉煌的印度河流域文明的创造者。在这一文明衰亡之后，他们向东迁徙并分散在恒河流域。来自阿尔卑斯山的种族渗透到恒河流域之时，不同种族血统的融合开始大量出现。地中海人主要生活在恒河上游，阿尔卑斯山人主要生活在恒河下游。在印度南方，则以达罗毗荼人和前达罗毗荼人为主。

一般认为印度斯坦人主要是公元前 14 世纪左右迁入的古代雅利安游牧部落与当地达罗毗荼人的混血后裔，故有人称之为 "雅利安—达罗毗荼人"。

柬埔寨等地区的零

在公元 683 年的柬埔寨和苏门答腊的碑文上，那里用 表示 605，用 表示 608。前者用点表示而后者用 0 表示零，已与现在的表示法一致了。考虑到东南亚各国文化曾受中、印两国重大影响，会不会是把中国算盘上给零留着的空换成了一个空心圆圈呢？进而数学家认为，书写记号"0"最早出现可能在 7 世纪中、印两个文明古国的边界碑文上。如果上述意见正确，今天形状的 0 比印度提早 100 多年了，比希腊小圆圈晚 500 多年。但至今没有更多资料支持此观点。

综上所述，我们看到，即使是一个简单的零，也有颇不简单而有趣的演变历史。"0"到底是哪个国家最先使用？这还不能定论，有待数学发展的进一步考证。不过，从以上文献看出，现代形状的零号是印度人在 8 世纪发现的。用空表示零之意，最早出现在公元前 312 至前 64 年巴比伦泥板上；用小圆圈表示零（扁零），首次出现在公元 2 世纪的希腊托勒密著作中，而中国的圆○是自己独立发现的，不是外传的。

知识点

苏门答腊

苏门答腊的古名为 suvara dvipa（梵文："金岛"），中国文献中也称为"金洲"，马来语称为 Pulaw Emas，也指金洲，显然是因为自古以来苏门答腊山区出产黄金。16 世纪时"金洲"之名名声，曾吸引不少葡萄牙探险家远赴苏门答腊探寻金矿。

柬埔寨的国策

柬埔寨奉行独立、和平、永久中立和不结盟的外交政策，反对外国侵略和干涉，在和平共处五项原则基础上，同所有国家建立和发展友好关系。主张相互尊重国家主权，通过和平谈判解决与邻国的边界问题及国与国之间的争端。柬新政府成立后，确定了融入国际社会、争取外援发展经济的对外工作方针，加强同周边国家的睦邻友好合作，改善和发展与西方国家和国际机构关系，以争取国际经济援助。

迄今，柬与107个国家建交，其中，62个国家向柬派出大使，常驻金边使馆28家；柬向22个国家派出大使，开设8个领事馆，任命3个名誉领事。1999年4月30日加入东盟。

0 在世界范围内的传播

公元8世纪，印度数码传入阿拉伯，梵文（印度古文字）Sunya 于9世纪被译成阿拉伯文 as－sift（读作阿士－契弗尔），仍表示空的意思。

公元991年，法国著名学者热尔贝（945—1003）成为兰斯大主教，后升为教皇。他将印度—阿拉伯数字介绍到欧洲去，但不知道0号。

公元12世纪初，欧洲人大量翻译阿拉伯文书籍为拉丁文，英国的阿德拉特（约1116—1142）翻译阿拉伯数学家阿尔·花拉子米（约780—850）在天文表的译本中出现三种表示零的记号。

花拉子米认为这三种元素中一个可能是希腊字 θ 的变体，另一个是字母 τ 的变体。

正式将包括0在内的印度—阿拉伯数码介绍到欧洲的是意大利著名数学家斐波那契，他在《算盘书》（1202）中写道：印度人的九个数码1～9及阿拉伯人叫做 as－sift 的记号O（斐波那契写成拉丁文 Cephirum），使用

1～9 个数与 0，任何数都可以写出来。

公元 13 世纪初，欧洲人将 "as－sifr" 又译成拉丁文 Cifro 或 Ze－phi－rum。在以后的 100 年间，它经历了一系列变化，最后成为意大利文 Zero，法文 Z6ro，英文 cipher 等。这些都同出一源，有零含义。

斐波那契是将东方文化传播到西方的先锋，曾是西欧黑暗黎明前的一束曙光。可惜零号 "0" 并没有很快传播开来。15 世纪拜占庭的手稿（现保存在维也纳）有时用点 "·" 表示，有时又用 "γ" 表示，如 100 表成 αγγ。直到 17 世纪，法国的罗尔（1652—1719）还习惯地使用 e 表示。因此，零号 "0" 在欧洲也是缓慢地传播，18 世纪以后才被广泛采用。

斐波那契塑像

知识点

拜 占 庭

古国名。中国史籍称 "大秦"，也名 "拂菻" 或 "海西国"。公元 395 年，罗马帝国分裂为东西两部，东罗马帝国以巴尔干半岛为中心，领属包括小亚细亚、叙利亚、巴勒斯坦、埃及以及美索不达米亚和南高加索的一部分。首都君士坦丁堡，是古希腊移民城市拜占庭旧址，故又称拜占庭帝国。

阿拉伯人与闪族人的关系

阿拉伯人是闪族人最年轻的一支。闪族发源于阿拉伯半岛,有巴比伦人、阿摩里人、迦南人、阿拉马人、阿卡德人、迦勒底人、亚述人、希伯来人和阿拉伯人。在 7 世纪初,公元 610 年,伴随伊斯兰教的问世,阿拉伯人登上历史舞台。但在 633 年下半年,在欧麦尔的领导下,阿拉伯人仅仅用了 10 年就打下美国从中世纪到 21 世纪的阿拉伯范围。

阿拉伯人的民族来源可以上溯到远古的闪米特人部落。阿拉伯民族的血统后来融入了波斯人、突厥人、柏柏尔人等。根据闪米特诸教经书《圣经》,亚伯拉罕(阿拉伯语发音为易卜拉欣)有两个儿子:

以实玛利:(阿拉伯语发音为易斯玛尼)亚伯拉罕和结发妻子撒拉的侍妾夏甲生的儿子。《古兰经》认为他是阿拉伯人的祖先,穆斯林们认为以实玛利是他们属灵上的祖先,但据科学研究表明,阿拉伯人的血统只有一小部分是来自于以实玛利的。

以撒:亚伯拉罕与结发妻子撒拉之子。以撒生育两个儿子——雅各(后改名以色列;阿拉伯语发音为叶尔孤白)和以扫。